人工智能

探索灵性的科技奥秘

肖丽萍◎著

沈阳出版发行集团
沈 阳 出 版 社

图书在版编目（CIP）数据

人工智能：探索灵性的科技奥秘 / 肖丽萍著.-- 沈阳：沈阳出版社，2023.12
ISBN 978-7-5716-3701-9

Ⅰ.①人… Ⅱ.①肖… Ⅲ.①人工智能—普及读物 Ⅳ.①TP18-49

中国国家版本馆CIP数据核字（2023）第231003号

出版发行：沈阳出版发行集团 | 沈阳出版社
（地址：沈阳市沈河区南翰林路 10 号 邮编：110011）
网 址：http://www.sycbs.com
印 刷：定州启航印刷有限公司
幅面尺寸：170mm × 240mm
印 张：13.5
字 数：200 千字
出版时间：2023 年 12 月第 1 版
印刷时间：2024 年 1 月第 1 次印刷
责任编辑：赵秀霞
封面设计：优盛文化
版式设计：优盛文化
责任校对：张 磊
责任监印：杨 旭

书 号：ISBN 978-7-5716-3701-9
定 价：88.00 元

联系电话：024-62564911 24112447
E - mail：sy24112447@163.com

本书若有印装质量问题，影响阅读，请与出版社联系调换。

FOREWARD 前言

仿生和人工智能是有渊源的。

相传早在大禹时期，我国古代劳动人民就根据鱼在水中尾巴的摇摆、游动的原理，在船尾上架置木桨，逐渐改成橹和舵，增加了船的动力，掌握了使船转弯的技巧。可以说，这就是我国最早的仿生。毋庸置疑，祖先的智慧是博大精深的，从古代将帅的仿生盔甲，到近期中国研制出的仿生鸟飞行器（无人机），看来仿生已经由“人仿生物”进入了更高级的“机器仿人类”的时代，这就是“人工智能”。

人工智能离不开计算机，它是计算机科学的一个分支，英文缩写为“AI”，是由人制造出来的机器所表现出来的智能。其定义分为两部分，即“人工”和“智能”。“人工”就是通常意义的人工系统。“智能”是所涉及的意识、自我、思维等问题。由于人类对于自身智能的理解有限，对构成人的智能的必要元素了解也有限，所以人工智能的研究往往涉及对人的智能本身的研究，还有与人工智能相关的动物或其他人造系统的智能的研究。

灵性，一般来说是指人的天赋的智慧——思维、创造、创新等，也指动物经过人的驯养、训练而具有的智慧。例如，经过训练的海豚在人落水后，可以主动施救等。这就是人和动物灵性的表现。

而 AI 生命感的体现，在于高频的人机交互应用，这是“灵性”的基础。于是人们用设计灵性来提升体验，如“Luka机器人[1]”长得像猫头鹰，有自己的IP，有独立的世界观和人格化形象。人工智能秉承“万物皆有灵”的思想，让每个终端都具有决策与感知的能力。因而，计算机视觉就成为目前应用最广泛的人工智能技术，如手机拍照中的人脸定位、银行中的认证比对、自动驾驶、安防、医疗影像辅助诊断等。

人工智能是一项庞大的科学工程。它凭借计算机搭建人工智能技术平台，研究知识表示、自动推理和搜索方法、机器学习[2]和知识获取、知识处理系统、自然语言理解、计算机视觉、智能机器人、自动程序设计等多个方面。人工智能需要信息论、控制论、自动化、仿生学、生物学、心理学、数理逻辑、语言学、医学和哲学等多门学科的理论支持。所以，它是研究、开发用于模拟、延伸和扩展人的智能的理论、方法、技术及应用系统的一门新的技术科学。

中国作为全球人工智能领域发展迅速的国家，无论是基础层、技术层、应用层，还是硬件产品、软件产品及服务，中国企业都有涉及。2022年北京冬奥会奥运村餐厅由人工智能提供的就餐服务，就曾让所有参赛人员和各国媒体大呼神奇。

目前，世界人工智能专利申请数量排名前20位的学术机构中，中国就占了17个。你我都有充分理由相信，假以时日，人工智能将引领我们进入一个全新的阶段。

---

① Luka机器人，是物灵科技Luka家族的产品之一，是学龄前的益智学习类机器人。

② 机器学习涉及概率论、统计学、逼近论、凸分析、算法复杂度理论等多门学科，研究计算机怎样模拟或实现人类的学习行为，以获取新的知识或技能，并重新组织已有的知识结构，使之不断改善自身的性能。

CONTENTS 目录

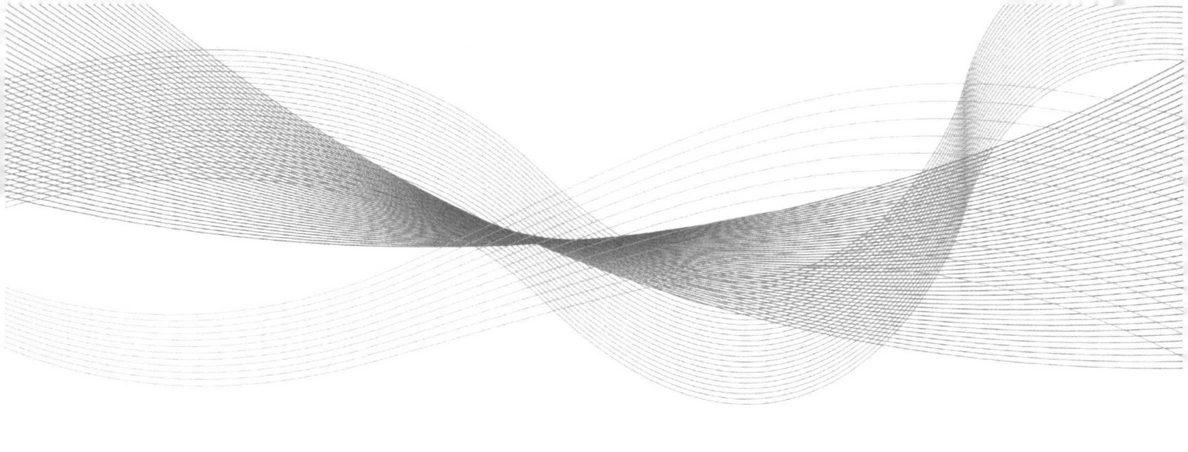

第一章　人脑和仿生

在地球46亿年的漫长生命里，诞生了无数个生物物种，单人类已知的就有170多万个。这些物种为了更好地适应自然环境，完成生命的生存和繁衍，而不断优胜劣汰、进化自身，逐渐形成了适合自身生命形态的独门绝技。

人类在进化的过程中，最先学会了观察和利用自然环境，他们惊叹于物种五花八门的绝技，于是对其进行学习和模仿，应用于生产生活中，这便是仿生学的最初起源。

自然界赋予人类无数的灵感，人类在不断的模仿中，发明创造、推动科学进步、提升生产力，可以说自然界就是人类各种科学技术、重大发明，以及现有的人类社会文明的源泉。这一过程直接催生出一门新兴科学——仿生学。

现代仿生学是一种综合性的，由生命科学和工程技术相结合而产生的新型技术。如今，它已在军事、医疗、工业、建筑、交通等多个领域得到广泛应用。

第一节　仿生溯源

仿生可追溯到人类文明的最早期，即便那时的仿生仅仅表现为对大自然的崇拜和对有生命物种的不自觉模仿。

一、最早的形象模仿

《山海经》中记载，“西王母其状如人，豹尾虎齿而善啸，蓬发戴胜，是司天之厉及五残”；通过镇江出土的蚩尤画像拓本可知，蚩尤是一个鸟头牛角人身的独脚之人，且手足皆为鸟的形状；东汉武梁祠留存着的伏羲像为人首蛇身。无独有偶，古埃及文明中也出现了大量人兽合一的造型。

远古的氏族首领之所以用兽相神化自己，来源于对大自然的崇拜，并借助这种崇拜增加自己的威慑力。在他们看来，兽类的生存绝技是具有神性的，如果人和神必然有所不同，那么神就应该是在人形的基础上加上猛兽特征。这是我们的神话传说中祖先总是异形的原因。其实，这些人与兽的异化处理在现代看来，当是最早的仿生。

二、对大自然物种技能的模仿

远古人类在与大自然的搏斗中，观察并习得了各种有生命物种的生存绝技，这种模仿让他们得以保留生命，实现繁衍。

《庄子·盗跖》有载，“古者禽兽多而人民少，于是民皆巢居以避之。昼拾橡栗，暮栖木上，故命之曰有巢氏之民”。说的是上古之人为躲避禽兽而效仿禽类在树上建巢，并以“有巢”自居，以此命名。《太平御览》卷七中也有类似的记载，“上古穴处，有圣人教之巢居，号大巢氏”。树上建巢，这大概是人类最早的仿生技术，如图 1-1 所示。

图 1-1　树上建巢，躲避猛兽侵袭

人类生活无非衣食住行，如果说模仿鸟儿在树上建巢是用仿生解决“住”的问题，那么就此推论，人类当时已经学会观察各种动物的长处，并将其记载下来，这就有了后来出土的各种具有仿生意义的文物。此外，人类将从其他物种那里学到的加以改造，应用于实际生产生活中，有些甚至流传至今，如“锯”。

相传，春秋战国时期，中国工匠祖师鲁班外出伐木时，手指被锯齿草所伤，这让他大受启发，反复实践下终于做出了人类历史上第一把带有锯齿的锯子。

飞机的发明也是人类一次次仿生鸟类的结果。《韩非子》中记载，鲁班用竹木作鸟“成而飞之，三日不下”；中国劳动人民发明创造的纸鸢，也就是风筝，就是模仿鸟类制作的“飞行器”。

无论锯子还是风筝的发明，其实都是人类对大自然的仿生在生产生活中的成功应用，这证明仿生很早就伴随着人类追逐文明的脚步存在了，只不过仿生学的真正意义直到 15 世纪才出现。

三、真正意义上的仿生

15 世纪，意大利伟大的发明家列奥纳多·达·芬奇（Leonardo Da Vinci）及其助手对鸟类进行了仔细的解剖，在认真研究鸟的身体结构后，设计了一系列飞行设备草图，如图 1-2 所示，只不过受当时科学和工业发展的限制而无法实现。但其是人类历史上真正意义上的“飞行器”，达·芬奇也因此被认为是仿生学之父。

图 1-2 达·芬奇“飞行器”设计图纸

大约 400 年后，普鲁士一个海边小镇诞生了一个伟大的科学家——奥托·李林塔尔（Otto Lilienthal）。他从小面对无尽的大海，目睹海鸟掠水盘旋、展翅高飞的形态，心生执念，认为鸟能飞起来，那么人为什么不能？他带着弟弟跑遍小镇收集羽毛做成翅膀，并借助翅膀模仿鸟的飞翔。

青年时期的李林塔尔，在接受系统的机械技术理论学习后，已经充分认识到靠人体自身飞行是不可能的，必须借助机械动力才能实现人类一飞冲天的梦想。在多种考量下，李林塔尔选择滑翔实验飞行这条路。同时，他开始仔细研究各种鸟类的翅膀结构和飞翔方法，从而发现了翼面和升力之间的关系。潜心研究下，他创造出一个计算鸟类飞行、滞空、滑翔时所耗费的体力公式。借助这一公式，他制造出18种不同型号的滑翔机，并亲自操纵滑翔，在一次次惊心动魄的实验中，他获得了丰富的经验。

终于在1877年，李林塔尔制造出一架有着像鸟儿翅膀一样弧线的滑翔机，它的机翼无须再借助拍翅运动。1889年，他将一生的潜心研究写成《鸟类飞行——飞机驾驶技术基础》一书，书中将飞行和空气动力学联系起来，而这种理论成为航空科学的基础。

1891年，李林塔尔兄弟制造出人类历史上第一架翼面弓形、能实际滑翔的滑翔机。这架滑翔机终于让李林塔尔（图1–3）一飞冲天，实现了人类翱翔天空的梦想。接下来几年，他又在此基础上不断改良，滑翔长度不断延长，最远一次达到1 000米。

图1–3 滑翔机之父——奥托·李林塔尔

令常人难以想象的是，在1891到1896年的时间里，李林塔尔进行了2 000次以上的滑翔实验，这让他获得了大量的数据，并编写了“空气压力数据表”。然而，人类每次进步的代价总是沉痛的，1896年4月9日，李林塔尔在最后一次滑翔中意外丧生。即使在弥留之际，他还在安慰弟弟古斯塔夫（Gustave），说“总是要有人牺牲的”。

在没有发动机的年代，李林塔尔以自己最大的能力模仿鸟类实现了人类上天的梦想，也为后来莱特兄弟发明飞机打下坚实的基础。他的成功让人类迈入真正意义上的仿生时代，并明确意识到利用仿生技术，人类完全能够解锁越来越多的新技能。

四、仿生学的诞生

20 世纪，人类文明的发展速度加快，科学技术和生产需要都让人们认识到仿生是解锁新技术的主要途径之一，于是开始把自然界的生物系统作为各种技术思想、设计原理和发明创造的源泉。物理学、化学、数学等学科的成熟，也使得人类对生物体内机理的研究取得极大进展。这使人们对大自然物种的模拟不再停留在幻想和尝试阶段，而是能快速变为现实。

20 世纪 70 年代，德国波恩大学的科研人员发现，不同种类的植物叶片在相同的环境下，叶子上的灰尘居然明显不同。表面越光滑的叶子越容易脏，而表面看起来粗糙的叶子反而越干净，而有些特殊的叶子甚至能防水。这让他们很快发现植物自清洁的规律与可润湿性是有联系的，且这种联系明显表现在莲属植物中。经研究发现，在光滑表面，水会在污垢上顺利漫延，而在粗糙表面，水滴粘而不牢，形成球状，并可以带着污垢粒子滚动，如图 1-4 所示。

图 1-4　莲花效应

1989年，科学家注意到这一发现，并成功破译了其中的奥秘，这就是著名的“莲花效应”。很快，莲花效应这种不被脏物污染的原理被应用到涂料领域。这种莲花效应自洁涂料具有不沾水、耐沾污及优异的防水功能，适用于内墙高档装饰、厨房等对洁净有要求又容易被沾污的场合。

从莲花效应的发现到应用，仅仅用了10余年的时间，这便是仿生学高于对自然的模仿、学习的地方。生物学现已跨入各行各业技术革新和技术革命的行列，并率先在航空航海、自动控制等军事领域取得一定成功，这促使生物学与工程技术科学互相渗透孕育出一门新生的科学——仿生学。

仿生学被认为是一门古老又年轻的学科，古老是因为自人类文明初始，仿生的行为便已经开始，年轻是因为直到近代才发展成为一门系统的科学。1960年，美国斯蒂尔（Steele）根据拉丁文“bios（生命方式）”和字尾“nic（具有……的性质）”创造了“仿生学”一词。同年9月，美国在俄亥俄州空军基地召开第一次仿生学会议，就“生物系统所习得的概念是否能应用到人工制造的信息加工系统上去”这一问题进行讨论。这次会议确立了仿生学的基本概念，即模仿生物特征原理来重塑技术系统的科学。系统地说，仿生学是研究生物系统的结构、特质、功能、能量转换、信息控制等各方面优势特征，并将它们应用到技术系统，在工艺、构型、装置等技术系统方面加以改善的综合性科学。

相对于生物学来说，仿生学属于应用生物学的范畴；从工程技术方面来说，仿生学根据对生物系统的研究，为设计和建造新的技术设备提供新原理、新路径。

至此，仿生学被认为是人们通过研究生物体的结构、功能及其原理，发明出新的设备、工具和科技，创造出适用于生产生活的先进技术的一门科学。它的存在旨在为人类提供最为灵活和可靠、最经济和高效的接近生物系统的技术系统，从而造福人类文明的发展。

第二节　无穷无尽的仿生源

在仿生学诞生之前的远古时代，人类就已经有许多出色的仿生设计。伴随人类文明发展的脚步，更出现许多与仿生设计有关的记载，从中可以看出其领域之宽、用途之大。这些仿生行为与仿生设计反映出人类历史上历代发明家的智慧和巧思，更反映着生物系统中无穷无尽的物种都可作为仿生之源头为人类所用。

一、昆虫

自然界中的昆虫，其种类和数量远远超过其他物种，它们遍布世界各个角落，各自以独特的生存技能对抗大自然的优胜劣汰。面对这些独特的技能，或者说来自生物的某种特性，人类叹为观止的同时加以学习和模仿，促成了仿生学方面的一系列成就。例如，鸟类之于飞机的诞生，就是人类文明史中最成功的仿生。

1. 屁步甲炮虫

屁步甲炮虫属鞘翅目步甲科，甲虫的一种，其生存绝技是在受到外界惊吓时，或被捕食时，肛门会放出一种毒雾气，以此迷惑和惊吓敌害。借助这种技能，屁步甲炮虫形成了稳定的生存繁衍体系。通过解剖，科学家发现了其放屁的原理。原来，其体内包含着 3 个小室，分别储藏二元酚溶液、过氧化氢和生物酶。当它受到外界刺激时，第一小室的二元酚溶液和第二小室的过氧化氢就会流到第三小室，并与生物酶混合发生化学反应，瞬间成为致命的毒液，从肛门喷射而出，如图 1-5 所示。

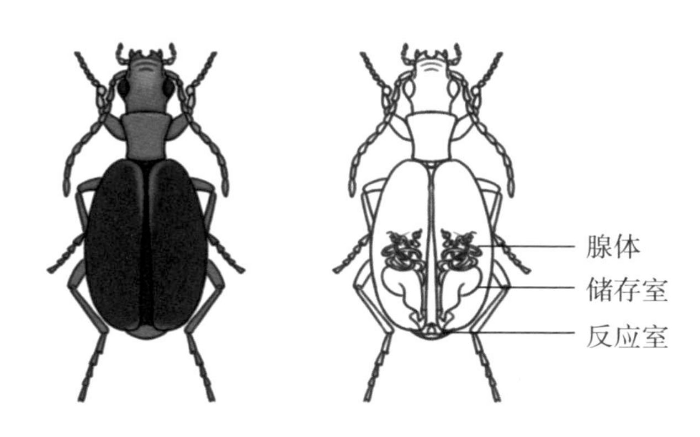

图 1-5　屁步甲炮虫腔内构造

美国科学家很快将这种原理应用到了军事技术中，并研制出先进的二元化武器，即可以将两种能产生毒剂的化学物质装在两个隔开的容器中，炮弹一旦发射，隔膜受到冲击便会自行破裂，两种化学物质则会在8到10秒内混合发生化学反应，生成致命的毒剂，以造成极大的杀伤力。这样的武器不但易于生产，而且存储安全，具有很强的时效性，这些优点让它成为最具攻击力的新型武器。

2. 苍蝇

苍蝇的生存绝技在于，在人与苍蝇的追逐战中，它总是能以其独特的飞行技术快速移动，以躲避人类的捕杀。苍蝇究竟是怎样做到这种"瞬移"的呢？科学家经研究发现，其奥秘在苍蝇的后翅。苍蝇的后翅退化为一对平衡棒，当苍蝇快速飞行时，平衡棒以一定的频率进行机械振动，以便其在快速的飞行中及时调整运动方向，这就像一台保持苍蝇身体平衡的导航仪。

科学家将这一原理运用到了导航仪的改良上，于是飞机上出现了振动陀螺仪，有了这台仪器，机体在出现严重倾斜时能自动恢复平衡，这可以避免飞机在剧烈颠簸时发生危险的翻滚行为。

除此之外，科学家发现苍蝇总是能快速躲避人类的捕杀动作，仿佛能预知每一种突发情况一样。经研究发现，原来奥秘在于苍蝇的复眼。苍蝇的复眼包含 4 000 个可独立成像的单眼，能 360° 环顾四周，如图 1–6 所示。科学家受到启发，研制出由 1 300 多块透视镜组成的高分辨率照相机，并将其广泛应用于军事、医学、航空航天等领域。

图 1–6　苍蝇的复眼

另外，苍蝇的嗅觉也十分灵敏，能闻到几千米外的血腥味，科学家根据苍蝇嗅觉器官的结构，将各种化学反应转变成了电脉冲的方式，制成了十分灵敏的小型气体分析仪，目前已广泛应用于各种场所进行气体成分监测，大大提高了安全系数和数据准确性。

3. 蜻蜓

蜻蜓的翅膀轻薄可见，与身躯看似不成比例，但它借着两对翅膀和简单的拍打振动便能带动身躯上下左右前后飞行，这着实不易。经研究发现，蜻蜓是靠翅膀振动产生不同于周围大气的气体涡流来使自己在大气中自如运动。科学家根据此原理研制出直升机，但又发现直升机在高速飞行时，常会因为剧烈振动而发生机翼折断的情况。于是，科学家效仿蜻蜓的翅膀结构，在飞机两翼添加上平衡重锤，最终解决了机翼折断的问题，如图 1–7 所示。

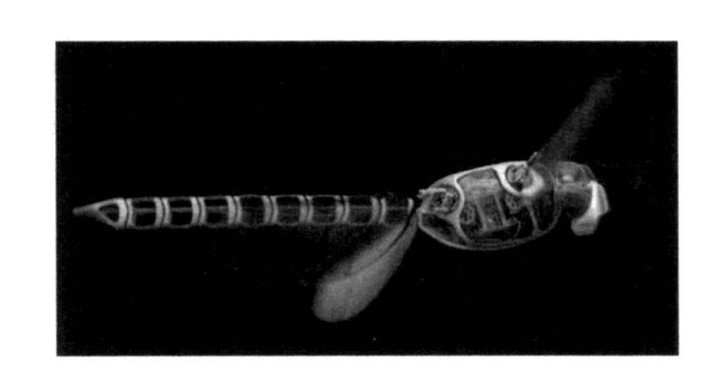

图 1-7 蜻蜓的翅膀

4. 蝴蝶

蝴蝶身上总是有多种多样的色彩，这让它们隐身于花草中难以令人发现。二战时期，苏联昆虫学家施万维奇利用蝴蝶的色彩在花丛中不易发现的原理，提出在军事设施上覆盖蝴蝶花纹般的伪装。这为苏军赢得战争最后的胜利奠定了坚实的基础。后来，人们又根据这一原理设计出了迷彩服，大大减少了战斗中的人员伤亡数量。

蝴蝶中有一种荧光裳凤蝶，如图 1-8 所示，它的翅膀在阳光照耀下会发生玄妙的变色现象，这是因为蝴蝶身上的鳞片会随着太阳方向的变化而发生调整，从而调节自身体温，这立刻引起科学家的注意。

图 1-8 荧光裳凤蝶

人造卫星在太空中需要不断变换位置，这会引起温度骤然变化。在太空中，这种变化是巨大的，有时可差几百摄氏度，气温骤然变化必然会导致许多仪器不能正常运转。科学家想到荧光裳凤蝶会通过翅膀鳞片的角度变化来调节体温，于是设计出了百叶窗式的人造卫星控温系统。这种控温系统的叶片为正反两面辐射，其散热能力相差很大，在于每扇叶片的转动位置安装金属丝，一旦温度发生变化，金属丝便能感应到，从而调节叶片的开合，这样就保证了人造卫星内部温度恒定不变，使内部仪器能正常运行。

5. 蚕

中国劳动人民很早就发现蚕丝可以用作衣物纺织，所以有了美丽的丝绸。到了现代，人们进一步研究蚕丝，试图仿制出一种人造蚕丝。很快，科学家观察到，蚕只吃桑叶，却吐出一种蛋白质黏液，而这种黏液在空气中能凝固成丝。19 世纪，瑞士化学家乔治·奥德马尔（George Audermars）经多次实验发现，经硝化处理后的桑叶再溶解于溶剂中，就形成了类似蚕吐出的黏液，并成功拉出了人造丝。这以后，科学家又用树胶、淀粉等原料制造出各种人造纤维，尤其随着短纤维技术的发展，人类又制造出人造棉、人造毛，这种低成本的面料迅速占领市场。

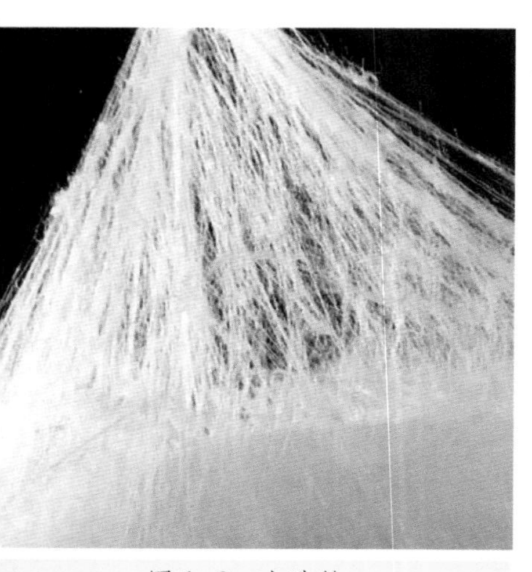

图 1-9　人造丝

虽然人造丝以极其低廉的价格被广泛应用于服装制作领域，但它始终难以达到蚕丝的质感而取代蚕丝，如图 1-9 所示。后来，德国化学家鲍里（Bowry）利用铜氨络合物获得生产铜氨人造丝的专利；英国的比万（Beavan）利用木材浆粕、冰醋酸、醋酸、丙酮制造出了醋酸人造丝。这种纤维具有了真丝的质感且不易燃、寿命长，很快成为服装界的新宠。

二、海洋生物

1. 鲨鱼

在过去对阻力的认知里，人们往往认为表面越光滑越有利于减少水的阻力。然而，科学家在不断的摸索中发现，表皮粗糙的鲨鱼要比表皮光滑的海豚游得快。这种违背阻力常识的现象引起了科学家的兴趣，经过对鲨鱼表皮的进一步研究发现，鲨鱼皮的表面覆盖了一层排列整齐的细小的 V 字形褶皱，如图 1-10 所示。

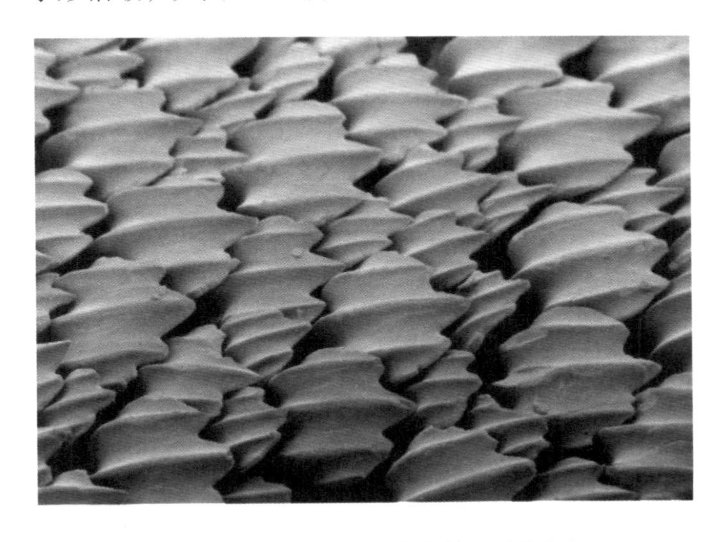

图 1-10　放大的鲨鱼皮表面

这些按照一定规律排列的褶皱在鲨鱼游行过程中，不但不会形成阻力，反而会将海水挤压着向后走，从而产生一个推力，相当于给鲨鱼装上了一个推动器，这正是鲨鱼游得快速而省力的原因。根据鲨鱼皮的这一特性，科学家研制出一种仿生鲨鱼皮的材料，制造出鲨鱼皮泳衣。除材料外，人们在设计上也模仿鱼类，设计出一种完全贴合人体，并带有特殊镶条的无缝合泳衣，将人体尽可能地塑造成流线型，从而减少水的阻力。

2. 海豚

二战期间，军事领域的需求推动声呐技术的研究和发展。这时，科学家开始从自然中寻找灵感，他们发现海洋哺乳动物海豚具有一套奇特的声呐系统。在追逐猎物和遇到障碍物时，它们所采用的回声定位技术能让其在百米外对几厘米大小的物体进行精准定位，这要比当时的军事声呐技术高级得多。

所谓声呐技术，就是根据声波在水下的传播特性，完成水下探测并将监测信号返回的一种技术。如果声呐脉冲的长度小于声音的波长，声呐就会向四面八方发射声音信号。因此为了朝着特定方向发射声音目标，声源必须大于波长，但海豚却不必遵循于此也能进行精准定位，如图 1-11 所示。

图 1-11　海豚声呐仿生

科学家对无鳍海豚进行了CT扫描，发现海豚声呐系统的关键在它的头部。研究发现，海豚的前额结构非常复杂，拥有头骨、气囊、软组织三部分。这样的组成使得海豚的前额层可通过自我压缩来控制不同速度的声束，从而实现对声源的精准定位。人类如果能复制海豚前额复合体对声束的控制，便能制造出技术更为先进的声呐仪器。

三、植物

1. 刺果

20世纪中期，瑞士工程师乔治·德梅斯特拉尔（Georges De Mestral）到郊外打猎时注意到自己的裤子上粘了许多小刺果（图1-12），而且粘得非常牢固，取下来很麻烦。这引起了工程师的兴趣，他用放大镜仔细观察这些小东西，发现刺果表面布满了细小的刺钩，正是它们牢牢勾住了裤子的面料。这给了其创造的源泉，他立刻想到如果将这些刺钩运用到衣服上，用它们的粘连性来代替纽扣和拉链，岂不是更方便？

图1-12　刺果

虽然想法很简单，但当其亲自动手尝试制作时却发现这个小小的创意还会涉及材料选用和机械加工，情况远比预想的复杂得多。用了8年的时间，德梅斯特拉尔终于设计出了完美的尼龙扣，并给它取名“velcro”，如图1–13所示。

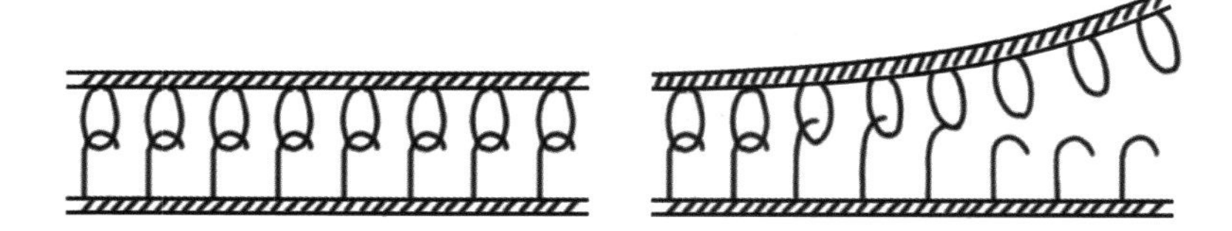

图1–13 尼龙扣示意图

“velcro”由两条同样大小的尼龙带组成，其中一条表面布满了细毛圈绒，另一条上有排列整齐的环形钩套，钩套的一侧断开，长的部分带一个弯钩，短的部分是一个圆弧。这就形成了一个搭扣组合，使用时将钩带和绒带对合，只需轻轻一压便能咬合，不会轻易断开；想要分开时，则需要使用较大的撕力，从一头向另一头拉开。尼龙扣自上市以来，就以轻便、耐用、可清洗、不会锈的特点受到普遍欢迎。

2. 向日葵

向日葵因向阳而生得名，在一天的时间里，向日葵的花盘会随着太阳所在的方向发生转动，以便尽可能多地获得阳光，这成为自然界的一个奇迹。这给了建筑学家灵感，他们模仿向日葵的这一特性，建成一栋能跟随太阳转动的房屋，使太阳光能最大限度地照射进房间。

这栋能转动的房屋装有雷达一般的红外线跟踪器，只要太阳一出来，跟踪器立马启动，房屋便会随着太阳缓慢运动，并始终与太阳保持一个最佳的角度，如图1–14所示。到了晚上，房屋会以难以察觉的速度自动复位。同时，还可以在房顶上安装太阳能电池和聚光镜，将一天所吸收的光能储存起来，以备阴雨天和夜晚使用。

图 1-14　向日葵仿生太阳能系统

3. 萝卜

如今大凡建筑都离不开“钢筋混凝土”的使用，而钢筋与混凝土的搭配也是一种仿生，是根系植物（如萝卜）与土壤的仿生。法国有一位叫约瑟夫·莫尼哀（Joseph Monier）的园艺师，他发现无论是木材还是水泥制成的花盆都跟传统陶瓷花盆一样十分脆弱，经常在不经意间被碰坏或打破。一次，他又不小心打破了花盆，懊恼之际开始拯救残花，这时他突然发现植物根系的土壤部分虽然松散却还顽强地聚集在一起，即植物根部延伸的根须将土壤牢牢地黏合在一起。他立刻受到启发，把铁丝交叉盘错地与水泥、石子浇筑在一起，这样砌成的花坛竟十分牢固。后来，这种方法被用在了建筑领域，这就是“钢筋混凝土”结构（图 1-15）。

图 1-15　钢筋混凝土结构

第三节　神经系统与智能机

如果把人体当作一台复杂的机器，那么身体各器官就是这台机器的各个零部件，将零部件串联起来，相互配合又相互制约的就是神奇的神经系统。神经系统以它特殊的方式将身体内、外环境的各种信息传递到脑和脊髓等各级中枢神经中进行整合，再通过周围神经对身体各器官进行调节，从而实现身体与内、外界环境的平衡。可以说，神经系统是机体内起主导作用的调节系统。

一、神经系统基本结构和分类

1. 神经系统基本结构

神经系统由神经元（神经细胞）和神经胶质组成。神经元是组成神经系统的基本元件，它的形态和功能多种多样，根据结构可分为胞体和突起两部分。神经元（图 1–16）负责接收、整合和传递信息。

神经胶质数目是神经元的 10 ～ 50 倍，突起无树突、轴突之分，胞体较小，胞浆中无神经原纤维和尼氏体，不具有传导冲动的功能。神经胶质对神经元起着支持、绝缘、营养和保护等作用，并参与构成血脑屏障。

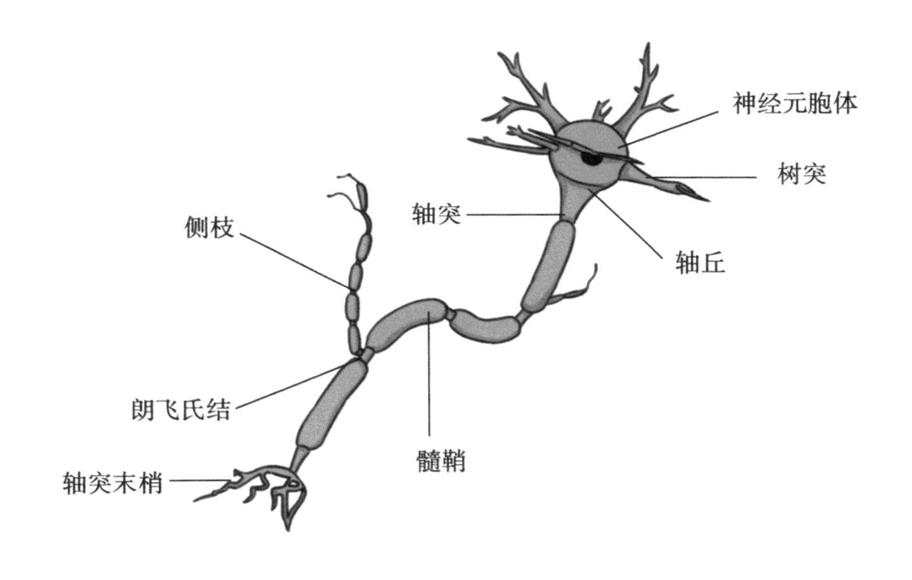

图 1–16　神经元构造

2. 神经系统分类

神经系统可分为中枢神经系统和周围神经系统。中枢神经系统包括脑和脊髓；周围神经系统又称外周神经系统，包括与脑相连的 12 对脑神经与脊髓相连的 31 对脊神经。12 对脑神经主要支配头面部器官的感觉和运动，使人类能够看到周围事物、听见声音、嗅出香臭、尝出滋味，同时表达出丰富的面部表情。31 对脊神经由脊髓发出，主要支配身体和四肢的感觉、运动和反射。

周围神经系统可分为躯体神经系统和内脏神经系统。躯体神经系统主要分布于皮肤和运动系统，管理皮肤的感觉和运动器的感觉及运动。内脏神经系统主要分布于内脏、心血管和腺体，管理它们的感觉和运动，心跳、呼吸和消化活动都受它的调节，如表 1–1 所示。

表 1–1 神经系统分类

神经系统类型			神经系统各组成部分的功能
中枢神经系统	脑	大脑	具有感觉、运动、语言等神经中枢
		小脑	使运动协调、准确，维持身体平衡
		脑干	调节心跳、呼吸、血压等人体基本活动
	脊髓		脑与躯干、内脏的通路
周围神经系统	脑神经		传导神经冲动
	脊神经		传导神经冲动

二、神经系统的活动方式

神经系统最基本的活动方式是反射，即神经系统受到内外环境的刺激而作出的反应。反射活动的形态基础是反射弧，由感受器→传入神经→神经中枢→传出神经→效应器组成。

在整个反射弧中，任何一个环节发生障碍，反射活动都将减弱或消失，因此反射弧必须完整，缺一不可。

那么，神经系统是如何传递信息的呢？当神经受到外界刺激兴奋时，就会产生“动作电位”，并传到神经末梢，这时神经末梢会释放“神经递质”，把电信号变成化学信号。神经递质与肌细胞上的蛋白质结合，能引起细胞膜上生物电的变化，化学信息便转换成了电信息。这样一来，通过神经传递过来的来自大脑的指令便成功抵达各机体器官。人的行为活动是在大脑皮质的“指令”下进行的，在此过程中，运动神经只是起到传达信息的作用，但没有了神经系统，大脑便不能支配身体各器官。

三、仿神经系统

当仿生学成为一门系统的学科并开始广泛造福人类文明时，人们必然会将眼光放在模仿人类大脑这个终极目标上，生物学家、物理学家、数学家、计算机科学家和工程技术人员为此奋斗了几十年。“仿神经系统”（图 1–17）应运而生，其目标就是要对人类的复杂活动进行仿生研究，并将其应用于计算机领域，也就是人工智能。

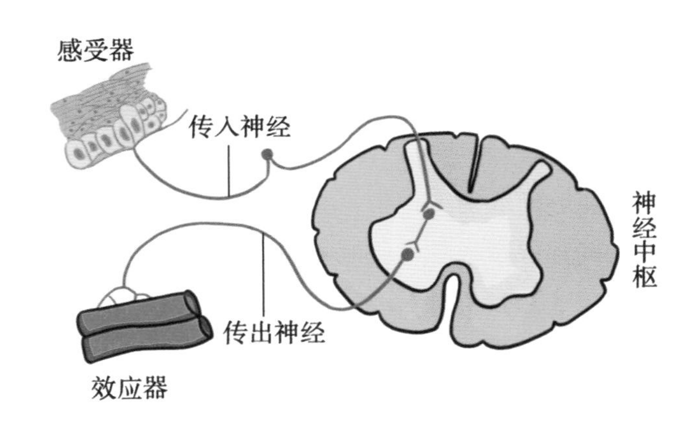

图 1–17 仿神经系统

计算机还有一个通俗而形象的叫法——“电脑”，但目前的计算机从严格意义上讲还无法匹配这一词汇，因为当前的计算机尚停留在计算工具领域，最多在某些方面具备一点人工智能的成分。

仿神经系统目前所面临的最大困难在于，人类对人脑的研究尚不足。我们只知道人脑拥有几百亿个神经元，知道神经系统的传递机制，却不知道神经元之间是如何保持联络的，它们一定有一个复杂的互连结构。再者，神经元面对信息的响应速度以毫秒为计，而现有的电子器件，其开关速度可高达纳秒。然而奇怪的是，人脑的整体反应速度却极高，甚至到了计算机望尘莫及的地步。

除此之外，大脑尚需解密的还有很多，如思想、语言、各种感觉等是如何在人脑中处理和保存的。

对神经系统的仿生势必要经过相当长的一段时间，这项研究的进展将会大大促进人工智能技术发展，引起计算机界革命性的变化。

1. 连接制模型

科学家根据生物实验研究结果来猜想神经系统的结构和活动规律，并以此提出仿神经系统的模型。之后，通过计算机模拟这个模型的行为，如果与人脑的行为吻合，那么该模型就是正确的，反之则继续修改模型，直到与人脑行为吻合为止。这其中最有名的是根据人脑的行为特点而提出的连接制模型。

每个神经元能够完成的工作十分有限，响应速度是以毫秒为计量单位的，但往往人脑却能用半秒时间判断出这个人是否认识，或者判断一幅画的内容等。人工智能若想完成以上行为，往往需要数百万条指令，可见人脑一定是一个高度并行的神经结构，但这种结构绝不同于并行计算机结构。毕竟并行处理元越多，通信量便越大，速度就越慢，不可能像人脑那样高速度反应。

直到 20 世纪 80 年代，科学家提出可以各种连接制模型作为仿神经系统的基础。比如，一个处理单元代表“鲨鱼”的概念，另一个处理单元代表“海洋生物”的概念，它们之间某个连接单元代表关系“是”，那么这三个单元并行运行时，就能表现出一个完整知识，即“鲨鱼是海洋生物”。这种连接制模型不是用存储器保存的，而是由各个处理单元之间的连接模式和连接强度来保存的，在此基础上还可以继续添加新的连接模式或连接的权重，以此体现新的知识。

2. 人工神经网络

人工神经网络是一种模仿生物神经网络行为特征进行分布式并行信息处理的算法数学模型（图 1-18、图 1-19）。这种网络具备复杂的系统，可以极大程度地模仿神经系统，通过调整内部大量节点之间相互连接的关系，而达到处理信息的目的。

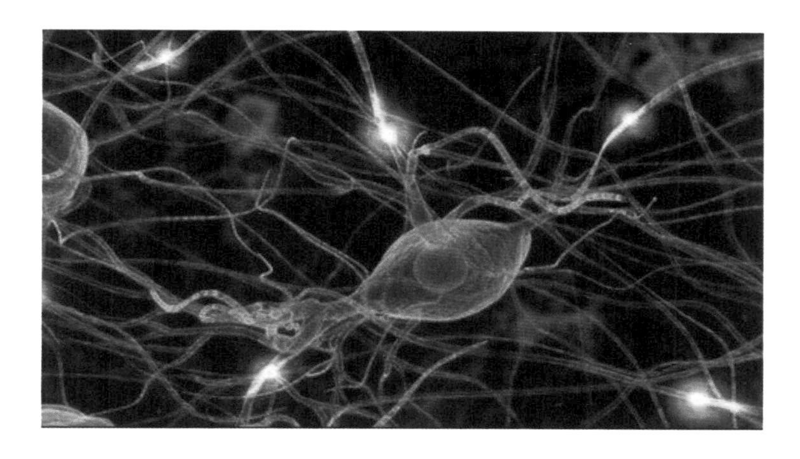

图 1-18　生物神经网络

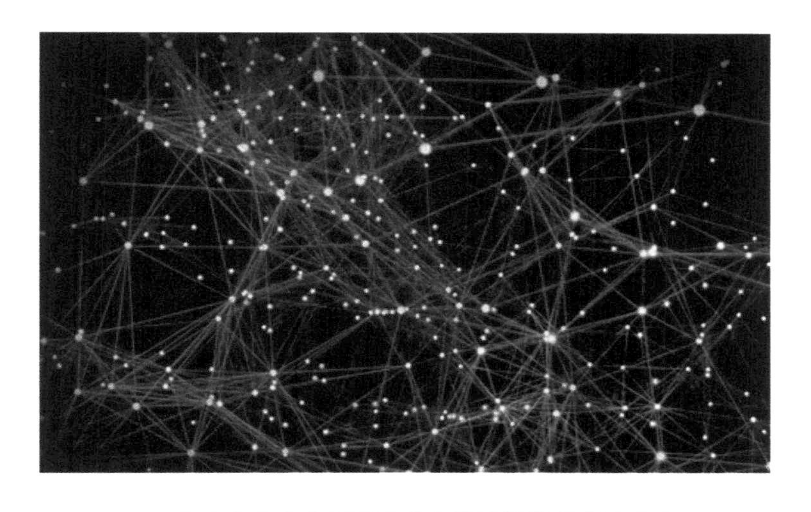

图 1-19　人工神经网络

人工神经网络是基于现代神经科学提出和发展起来的。早在 19 世纪初，意大利解剖学家高尔基（Golgi）就已发明银染法来显示完整的神经元细胞。在此基础上，西班牙科学家卡哈尔（Cajal）就神经系统做了大量实验，出版《人和脊椎动物神经系统组织学》一书。这让人类对神经系统的认识和研究有了理论基础。

至 1943 年，人类对神经系统的认知更上一层楼，心理学家麦卡洛克（McCulloch）和数理逻辑学家皮茨（Pitts）第一次建立了神经网络和数学模型，也就是 MP 模型。通过该模型，科学家以神经元的数学描述和网络结构方法证明了单个神经元具有执行逻辑的功能。从此，人类对神经系统的研究进入了人工神经网络研究时代。

3. 深度学习和智能机

1981 年，美国神经生物学家大卫·胡贝尔（David Hubel）和托斯坦·维厄瑟尔（Torsten Wiesel）发现了视觉系统的信息处理方式，即可视皮层是分级的。仿生学在神经生理学实验数据的基础上提出一个视觉神经系统整合模型。这一发现使得计算机人工智能在以后 40 年时间里取得突破性进展。

2006 年，加拿大机器学习领域泰斗杰弗里·希尔顿（Geoffrey Hinton）教授与其多伦多大学的学生鲁斯兰·萨拉胡特迪诺夫（Ruslan Salakhutdinov）在《科学》上联合发表了一篇文章，开始了“深度学习”（deep learning）在学术界和工业界的浪潮。“深度学习”这一概念立刻在学术领域和技术领域掀起巨浪。

2016 年 3 月，人工智能机第一次战胜人类大脑，Google 自主开发的围棋人工智能程序阿尔法狗（AlphaGo）以 4 ： 1 战胜世界围棋冠军、职业九段选手李世石。这场人机大战成为人工智能史上一座新的里程碑。这让“深度学习”这一术语第一次走入大众视野。

“深度学习”，是从机器学习中的人工神经网络发展出来的新领域，是指多层的人工神经网络和训练它的方法。目前的“深度”已不再指早期的超过一层的神经网络，其内涵随着深度学习的快速发展，已超出了传统的机器学习范畴，而进阶到人工智能的层面。

第四节　智能化人类仿生

其实早在20世纪初，仿生学还没有成为一门系统的学科时，已经有人迫不及待地造出了类人机器人——埃里克·罗伯特（Eric Robot）。现在看来，这个叫埃里克的铁皮家伙实在与智能化相差甚远，但在那个年代却是个充满浪漫色彩的传奇人物。

在这以后，又涌现出很多个类人机器人，虽然它们中的许多甚至无法行动，只是个人形播放器，却代表着人类将仿生进行到底的决心。21世纪初期，随着仿生学和神经科学，以及工程技术的进步，类人机器人技术在飞速发展。前几年的类人机器人还只会慢吞吞地踢个球，现在波士顿就打造出了可以在复杂地形展示后空翻的Atlas了。

2013年，瑞士社会心理学家托尔特·梅尔（Tolt Mayer）设计出了一个名为雷克斯的仿生机器人。雷克斯不同于以往任何机器人，它可以说是一个智能化人体仿生的复合体，他身高1.83米，体重约80公斤，有血有肉有器官，就像好莱坞大片中走出来的智能人。

雷克斯身上拥有太多的惊喜，如他依靠电子运作的心脏，不但会跳动，还会流通人工血液；他身上还有一套辅助脊椎伤员行走的器具，再加上人造肌腱，能让他可坐可立可行走；他甚至还被安装了一颗人工肾脏，而这颗肾脏是借助当今洗肾设备制作的；他的胳膊和手掌在电池的带动下可行动自如；他的眼睛因借助视网膜芯片和眼镜相机而拥有了视力；人造耳蜗让他拥有了听觉；他的骨骼借由3D打印技术而生；霍金所依赖的NeoSpeech的语音技术可以让他像人类一样发音。

最重要的是通过人工智能技术，雷克斯可以识别一些小的指令，甚至可以讲几个幽默的笑话。可以说，雷克斯让仿生技术向智能化迈进了一大步。人造肢体、人工器官和思想意志等方面的研究不断取得进展，意味着科学家在不久的将来就能实现对人类身体任意部件的替换和支配。美国生活科学网报道，科学家正在逐步打造完美的仿生人，为此正在以先进的技术发明制造和储备更多的仿生器官和人体部位，如比人类更加敏感的人造舌头、可以让盲人恢复视力的仿生眼等。

一、仿生血液循环系统

雷克斯身体中的血液就像真正的血液一样含有氧气，且在身体内周而复始地运行，这是因为雷克斯使用的是英国伦敦大学纳米技术和再生医学中心的艾利克斯·塞弗里安（Alex Severian）教授带领的团队制造的仿生血液循环系统。血液由人工塑胶类物体制成，比人体血液的保质期更长，更不易被感染。

二、人造细胞

美国宾夕法尼亚大学的生物工程学教授丹尼尔·哈姆（Daniel Hamm）利用聚合体制造出人造细胞，如图 1-20 所示。它能模仿白细胞任意穿行于人体中，尤其能将药物靶向输送到人们所需要治疗的位置。这就解决了现今人体用药的一些问题，如仅靠口服和点滴往往不能把药物输送到病灶。而有了这些人造细胞，就可以将药物直接输送至病灶，更轻松、安全、高效地治愈疾病，包括人类的癌症。

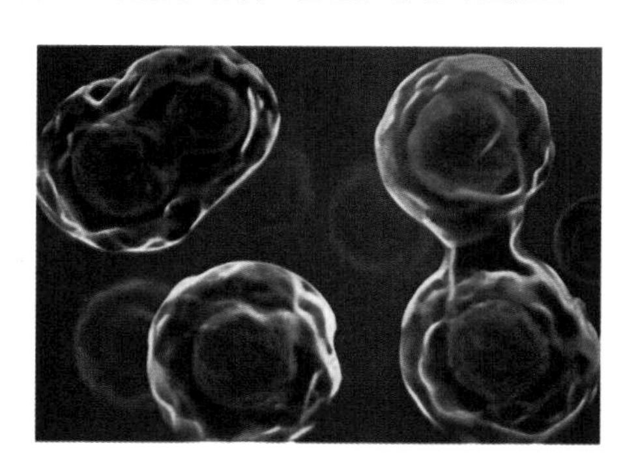

图 1-20　人造细胞

三、大脑假体

海马体是位于大脑颞叶内的一个部位，其因形状如海马而得名。人左右脑中各有一个海马体，具有短期记忆以及空间定位的作用。美国南加州大学的西奥多·伯格（Theodore Berger）教授制造出一种可以取代大脑中海马体的电子芯片，从而控制人脑中的短期记忆和空间理解。如果给老年痴呆症患者换上这种人工海马体，那么就能帮助大脑维持正常的海马体功能，彼时将不再有老年痴呆症的存在。虽然移植大脑组织远不如移植肝脏那么容易，但随着科技的进步，将来一定可以实现，如图1–21所示。

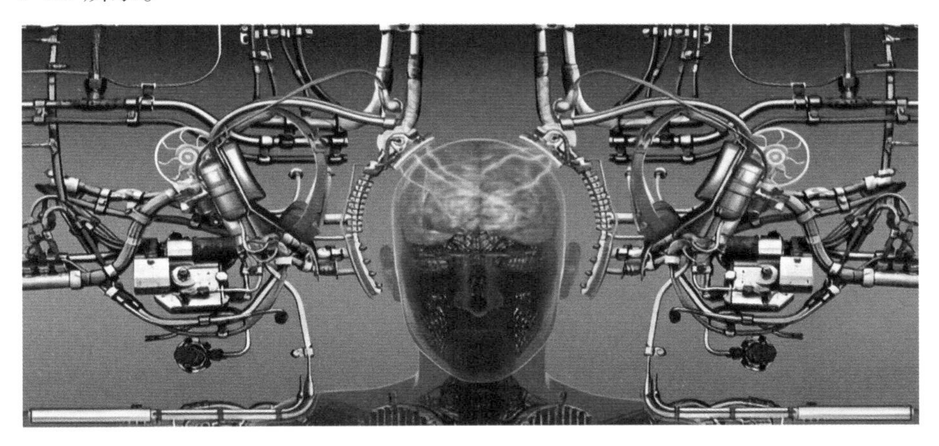

图 1–21　脑机接口

四、行走的肾脏

美国加利福尼亚大学的两名科学家历时21天研发出一种可穿戴的人造肾脏，又名随身洗肾机。肾脏功能损坏的病人一般需要透析机来去除血液中的毒素。而这个人造肾脏不但体积小、可随身携带（图1–22），甚至可以一天24小时不停止工作，就像真的肾脏一样，比传统透析效果要好得多。目前，人造肾脏已经处于临床试验阶段，研发人员主要观察肾脏病人的健康、血压、体重和囤积水分情况，并通过检验血液的尿素和肌酸酐含量来确定它的疗效。

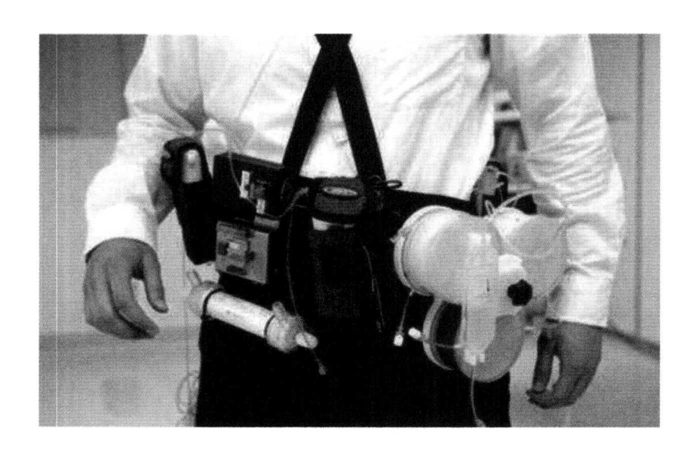

图 1-22 行走的肾脏

五、智能膝盖

麻省理工学院人工智能实验室的休·霍尔（Hugh Hall）博士带领其团队研发了一个人造智能膝盖 RHEO，而这个膝盖竟然是有思想的。患者初次佩戴这个膝盖时，其电子系统会在预设程序下学习用户的行走方式，并通过传感器来获知用户所在地方的地形，从而推动用户进行舒适的运动。人造膝盖能使义肢行走更加轻松流畅，且能像正常人一样走出优雅姿态来，如图 1–23 所示。除此之外，该人造膝盖还具有类似肌肉的辅助走路装置，它能在行走过程中释放出比传统义肢高三倍的能量，从而推动身体向上和向前运动，给予残障人士轻松行走的感觉。

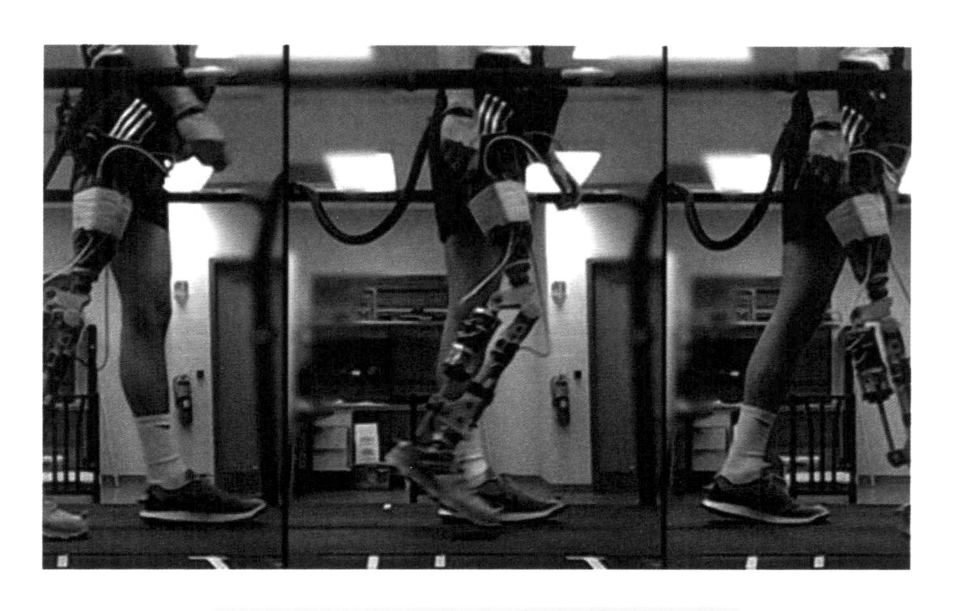

图 1-23　利用人工智能帮助残障人士

六、仿生臂

美国芝加哥康复学院托德·库肯（Todd Kuiken）博士开发了一款仿生手臂，能为残障人士提供真实的手感，就像自己的真手一样，可以为自己所操控。仿生臂是通过健康的运动神经与大脑相连，再让运动神经指挥患者的假臂做运动。这些原本支配断臂的运动神经被重新分配在身体的其他区域，如胸部，它们携带的神经脉冲能被此仿生臂中的电极获得。当患者想动一下他的手时，这些神经就会将信号发送过来，从而像真手一样启动此假手进行运动。现阶段仿生臂已经在向更高阶的领域迈进，库肯博士希望通过健在的感觉神经来连接仿生臂，从而让用户的大脑感知温度、振动和压力等。

七、电子舌头

美国得克萨斯大学迪安·尼柯克（Dean Nicock）教授一直专攻计算

机与电子工程学领域，他研发出一个极为智能的电子舌头，可应用于食品公司品尝新品。这个电子舌头能分析流体，并能通过品尝快速得出其精确的化学组成成分。电子舌头内嵌微球体微型传感器，一旦它接触到特定的目标就会变换颜色，从而得出结论，如图 1–24 所示。

图 1–24 鉴别葡萄酒的电子舌头

八、便携式胰腺

糖尿病的根源是胰脏的功能紊乱，每当进食就需要打胰岛素来平衡胰脏功能，但长期依赖打针必然会造成身体的不适。美国青少年糖尿病研究基金会研制出一种便携式胰脏，它不仅能进行血糖观测，还能将血糖观测的数据、胰岛素注射的时间与剂量等数据整合为一体，通过电脑来调控，从而避免了人为在时间、剂量上的疏忽和差错。

九、再生骨骼

动物界中有许多具有强大的自身再生功能的物种，一直以来模拟骨骼再生成了科学家努力奋斗的目标，遗憾的是，这一技术从来没有完美地实现过，所培育出的再生骨骼不是长出不适合替换的骨头，便是长出错误的组织。直到 2005 年，美国加利福尼亚大学的研究人员利用一种特殊的蛋白质 UCB-1 来触发物种类型的细胞生长。在这种条件下再生的骨骼能完美融合到椎骨并能固定部分椎骨，应用于临床，可减轻椎骨疾病带来的病痛。

十、仿生眼

美国哈佛研究伙伴机构开发了一种名为 Argus Ⅱ的人造视网膜系统。通过此系统，摄像机可将记录下的基本的视觉信息加工成电信号，并利用无线传输到眼睛内置的电极上，从而恢复盲人的视网膜功能。通过仿生眼（图 1-25），测试者不但可以看见大型字母、分辨生活物品，还能捕捉动作。这项人造视网膜系统将进行第二代升级，将增加至 60 个感光电极。随着科技进步，电极数将逐步增加至千个，到时失明人士便能借助仿生眼识别人脸。

图 1-25　仿生眼

第二章　人工智能概述

人工智能学科诞生于20世纪50年代中期，随着计算机的产生与发展，人们开始了具有真正意义的人工智能的研究。

1956年夏，美国达特茅斯学院举行了历史上第一次人工智能研讨会[①]，其被认为是人工智能诞生的标志，这是人工智能的黄金时期。

进入21世纪，人类迈入了“大数据”时代，此时电脑芯片的计算能力高速增长，人工智能算法[②]也因此取得重大突破。一大批新的数学模型和算法发展起来，让科学家看到了人工智能再度兴起的曙光。

2012年全球的图像识别算法竞赛中，多伦多大学开发的多层神经网络Alex Net取得了冠军，引起了人工智能学界的震动。从此，以多层神经网络为基础的深度学习被推广到多个应用领域。

2016年谷歌开发的人工智能机器阿尔法狗[③]（AlphaGo）战胜世界围

---

① 第一次人工智能研讨会，是指1956年闵斯基（Minshew）、约翰·麦卡锡（John McCarthy）、克劳德·香农（Claude Shannon）和纳撒尼尔·罗切斯特（Nathaniel Rochester）在美国达特茅斯学院组织了一次会议，此会议宣告了“人工智能”作为一门新学科而诞生。

② 算法（algorithm），是指解题方案的准确而完整的描述，是一系列解决问题的清晰指令，算法代表着用系统的方法描述解决问题的策略机制。

③ 阿尔法狗是第一个击败人类职业围棋选手，第一个战胜世界围棋冠军的人工智能程序，由谷歌旗下DeepMind公司戴密斯·哈萨比斯带领的团队开发。

棋冠军李世石。

如今，人工智能早已渗入人们生活的很多方面——智能扫地机器人、智能手环、智能家居等，不仅改变了人们的生活环境，还使人们的生活更加智能化。

机器人用在教育和娱乐方面，更加充实了人们的学习和生活。手机应用了Siri功能[①]，人们需要查找一些信息时只需要用语音提示便能快速找到所需信息；自动驾驶，使人们的出行更为安全便捷。在医学方面可利用人工智能技术以图片、视频等方式进行精准诊断，并利用纳米微光技术进行疾病的治疗。电子产品的应用也加深了人们对人工智能技术的便捷性和简单易操作性的了解。

这就是现代社会便利与舒适的生活背后的一场正在深刻地改变人们生活与社会的科技浪潮——人工智能。

十年前仍是科幻小说里的场景，今天已经成为我们真实的生活经历。在人工智能浪潮的驱动下，十年后，二十年后，我们会生活在什么样的世界里呢？

一个人工智能新局面，已然向我们展开。

第一节　史上第一台机械

从制造工具到制造机器，再到为机器赋予智能，人类其实一直都在向着人工智能的方向努力。历史上第一台机器可追溯到公元前150年到公元前100年，那就是安提基特拉机械。

20世纪初，人们在希腊安提基特拉岛附近的海域发现了一艘罗马船只残骸。考古人员经过一番考察，在这些支离破碎的残片中发现许多金属片，但有碍于当时的技术，无法分辨这些金属残片究竟何用，如图

① Siri功能，是手机上的一种人机对话功能。

2-1 所示。

图 2-1　安提基特拉机械残片

直到 1951 年，有人用 X 光片证明这些金属似乎隐藏着更为复杂的秘密。到了 21 世纪，科研工作者借助先进的科学技术将其设计细节依稀辨别出来，发现这就是著名的安提基特拉机械。科学家先发现了一个较为完整的齿轮，齿轮数为 127 个，齿轮背面刻着数字“235”，这是一个经常出现在古希腊文献里的数字。古希腊人以月亮周期来记录纪年，一月是 29.5 天，一年是 354 天，比太阳历少 11 天。古希腊人发现 235 个朔望月正好是 19 个太阳年，即每 19 年就要闰 7 个月。因此，数字“235”代表的是太阳、地球、月亮整体循环一个周期的时间，也代表整个齿轮走完一周。

一起被发现的还有一个更大号的齿轮，但因损毁严重无法查明其准确齿数，只能根据弧度推断齿数在 220 到 225 之间，最后在背面发现刻着数字“223”，而 223 个月正好是一个日全食的周期。原来最大的齿轮是用来计算日全食的（图 2-2）。

图 2-2　日全食

还有一个 53 个齿数的齿轮。我们知道月球绕地球公转的轨道是椭圆形的，可能会有所偏移，而 53 个齿数的齿轮正好可以修正轨道的偏移。这个齿轮的上面有一个槽，槽里有个圆形的东西，一直以来，科学家都不知道这是做什么用的。后来，科学家通过 3D 扫描技术把这个机械扫描下来之后自己做零件组装起来去转动它，才发现槽里的东西会动，原来那个圆形竟是月亮的模型。其完全模拟了月球在地球周围的运动轨迹。

这让科学家肯定这是一台能模拟天体运行轨迹的天体观测仪，是一个最少具有 36 个手工齿轮的装置，通过设置日期盘，就能指出太阳和月亮的位置，以及一些行星的上下运行规律，如图 2–3 所示。根据月亮模型可推测，这个机械前面应该还有一个面板，面板上镶嵌着几个星球，最妙的是，只要轻轻转动手柄就能查看这些星球运行的轨迹。这意味着，这台机械除了预测日全食，还可能展示了当时已知的五颗行星的位置和运行轨迹。

图 2-3 安提基特拉机械复制品

图 2-4 太阳、月亮、地球

难以想象 2 000 多年前的人竟如此精确地掌握了天体运行的规律，且能制作出如此精妙复杂的机械。要知道，制造出这台安提基特拉机械必须同时掌握数学、物理学、天文学、几何学等知识。那么，究竟是谁创造了它呢？后来，科学家在齿轮的背面又发现了很多文字，其中对月亮的称呼来自古代科林斯人的语言，而科林斯人的后裔中最著名的就是阿基米德（Archimedes）了，就是那个曾说过“给我一个支点，我能翘起整个地球”的力学之父，如图 2-5 所示。

图 2-5 阿基米德

在古罗马政治家西塞罗（Cicero）所著的《国家论》中记录着这样一件史实，即罗马人杀死了阿基米德，并从他手中抢走了两个能够计算天体运动的机器，还拿走了设计手稿。这也验证了史上第一台机械确系来自这位伟大的科学家。

第二节　查尔斯·巴贝奇的数学机器

在人类文明漫长的发展进程中，数字和数学一直相伴左右，但过去传统的数学计算往往受限于纸和笔这种简单的工具，既容易出错，又很难快速解决复杂的计算问题。即便后世为了解决这一难题而发明了函数表格，在一定程度上缓解了计算的压力，也避免不了出错。

19 世纪初，英国数学家和发明家查尔斯·巴贝奇（Charles Babbage）（图 2-6）在一次检验计算时突发奇想，为何蒸汽机能驱动铁皮却无法驱动这些表格呢？此后，这位伟大的数学家将毕生的精力倾注于让机器驱动数学这件事上，这便是计算机的由来。

图 2-6　英国数学家和发明家查尔斯·巴贝奇

巴贝奇是一个数学天才，在英国政府资金的支持下，他大胆设想出差分机。差分机虽然在当时只能进行编制表格这种简单的工作，但它结构复杂，身体庞大，重 4 吨左右。这样一台机器，单是零部件的制造和组装已经是个规模巨大的工程了，最终这台机器在英国政府终止投资，以及与制造机器零部件的工匠间的矛盾中戛然而止。差分机虽然没能制造出来，但它的确是机械史上的一个巅峰之作，如图 2-7 所示。

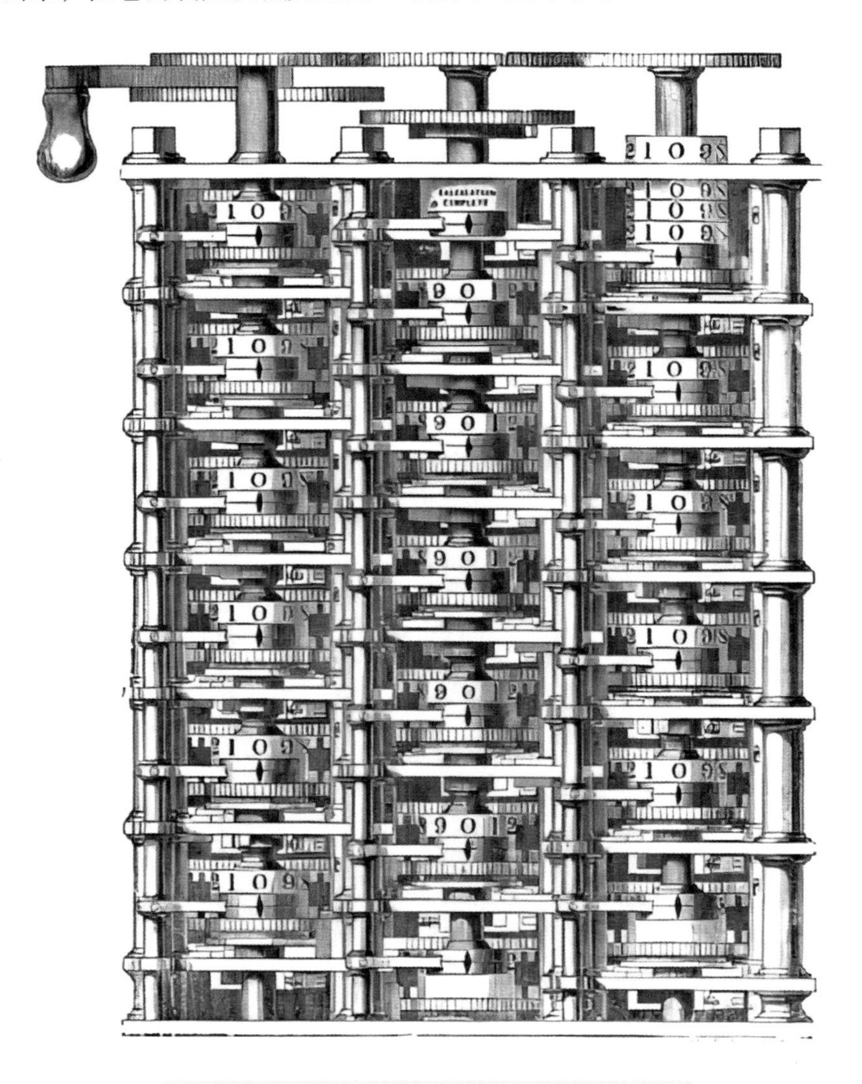

图 2-7 差分机 1 号模型

在经历差分机的挫折后，巴贝尔继续完成他的数学机器研发使命，这次他把目光放在了更为宏伟的工程上——分析机，如图 2-8 所示。他发现用于工业生产的提花织布机是一套靠凿孔卡纸来记录数据的设备，而这完全可以用在他的分析机上，使它可以完成几乎所有的数学计算。但遗憾的是，最终分析机也只停留在设计理念层面，并没有完成制作。不过通过分析机的研究，巴贝奇完善了差分机的设计方案，且在毫无资金支持的条件下，制作出了第二代差分机。2000 年前后，伦敦科学博物馆按照巴贝奇设计的方案，利用 19 世纪所能利用的材料重新复刻了第二代差分机，果然，这台机器正如巴贝奇当年所预料的那样可以进行计算了。

图 2-8　分析机引擎

第三节　世界上第一台电子计算机

在现代意义上的计算机诞生之前，“computer”指的是做计算的人，他们日复一日地利用纸笔进行计算，按照指令一点点计算，最后再验证这一个个结果是否正确。也许是为了致敬这些辛勤工作的前人，当真正的数学机器面世后，人们用“computer”来加以命名。

1938 年，美籍保加利亚科研工作者阿塔纳索夫（Atanasoff）最先制作出电子计算机的运算部件，1943 年英国外交部通信处制出“巨人”，一个专门用于密码分析的电子计算机，其在二战中得到实际应用。

事实上，人类真正开始研制计算机，的确是在第二次世界大战期间，不过当时的计算机与差分机无异，只能进行一项计算工作，一旦目标任务发生改变，就必须重新制造一台。这样复杂的操作不但效率低下，成本也异常高。为了解决这一难题，简化操作，1946 年 2 月美国宾夕法尼亚大学莫尔学院制成大型电子数字积分计算机，如图 2-9 所示。

图 2-9　世界上第一台电子计算机

这是由美国陆军军械部队主导建成的一台用于计算大炮射程的计算机，但它的问世对高效的数学计算做出了卓越贡献。这台新型计算机通过线路将一系列零部件进行不同组合而具备了可以进行不同计算的功能。有了这台计算机，当改变目标任务时，仅仅需要将机器的线路重新组合就可以了，而不是再去制造另一台机器。

这一思路其实与艾伦·图灵（Alan Turing）提出来的观点不谋而合。图灵认为，在不考虑存储空间和运行时间的前提下，计算机可进行一切可计算的计算，而这种足够强大的计算机也可以转换成任何其他计算机。这种计算机就是“图灵完备”，拥有了这样一台计算机，只需要更换新的数据就可以将其转换为另一台全新的计算机。

然而，当那台用于军方的大型电子数字积分计算机最终改为能进行各种科学计算的通用计算机后，存储空间的问题就不得不重新考虑了。这台被誉为世界上第一台电子计算机的机器，依靠电子线路进行算术运算、逻辑运算和信息存储，其运算速度比之前的计算机快 1 000 倍，但它仍旧面临存储空间小、程序外挂等问题，尚不能与现代计算机相媲美。

第四节　冯·诺依曼的贡献

冯·诺依曼（Von Neumann）是 20 世纪较为重要的数学家之一，在现代计算机、博弈论、核武器和生化武器等诸多领域都做出了卓越贡献，有“计算机之父”之称。

1945 到 1946 年，冯·诺依曼（图 2-10）一直在为计算机的改良做努力，他先是提出了一个存储程序式的计算机方案，并在此基础上不断完善，提出了《电子计算机装置逻辑结构初探》报告，后又在莫尔学院为英美 20 多个机构的专家讲授“电子计算机设计的理论和技术”课程。

冯·诺依曼的理论大大推动了存储程序式计算机的设计与制造。

1949 年，英国剑桥大学率先研制出电子离散时序自动计算机，次年美国研制出东部标准自动计算机。数学机器，抑或是人工智能机器的发展从此迈入快速发展期。

图 2-10 冯·诺依曼

20 世纪中期以来，计算机一直处于高速发展时期，以至于计算机系统的性能 - 价格比，平均每 10 年提高两个数量级。计算机种类也在这一时期一再分化，发展出微型计算机、小型计算机、通用计算机，以及控制计算机、模拟计算机等专用机器。

从发展历程上看，计算机硬件经历了电子管到晶体管，分立元件到集成电路，集成电路到微处理器的三次跳跃。尤其在 20 世纪 70 年代以后，计算机用集成电路的集成度迅速向着超大规模跃进，计算机的性能迅速提高，微处理器和微型计算机应运而生，如 4 位、8 位、16 位、32 位、64 位字长的微型计算机以非常快的发展速度相继问世。计算机的广泛普及，促使现代计算机向人工智能方向发展。

局部网络将一栋办公大楼的所有计算机连接起来，这进一步推动了计算机应用系统从集中式系统向分布式系统的发展，而这是现代计算机的典型标志之一。

电子管计算机发展时期，LISP（LISt Processing）等符号处理的高级语言有的放矢，它们与计算机硬件相结合，使计算机的使用方式由手动操作变为自动作业；集成电路计算机发展时期，高级语言种类进一步增加，计算机中也有了一套颇具规模的软件子系统，这让计算机在信息处理方面拥有了批量处理、分时处理、实时处理等多种功能。随着软件子系统功能的不断增强，计算机的使用效率显著提高。

在此基础上，新一代计算机展现出计算机全新的技术面貌，它把信息采集、存储、处理、通信和人工智能结合在一起，是现代意义上的智能计算机系统。现代计算机早已经超越数学计算阶段，它不仅能够进行一般信息处理，而且能面向知识处理，具有形式化推理、联想、学习和释义功能，能帮助人类开拓新未知领域和获取新知识，最重要的是，新一代计算机大大缩小了体型，它变得更加便捷，更方便携带，如图 2-11 所示。

图 2-11　1981 年世界上第一台便携式电脑诞生

现代计算机向智能发展的结果，使得越来越多的智能被赋予到了冰冷的机器身上，并运用到生活的方方面面。以往仅用来通信的电话快速发展为智能手机，通过此手机可以解决通信、购物、出行、娱乐、支配家电等所有生活问题；公众场所的人脸识别、遥感体温监测、自动驾驶等充满智能的设备，在方便人类生活的同时，更形成一个巨大的产业链，不断推动经济的快速增长，如图 2-12 所示。

图 2-12 机器与人类智能接轨

第五节 人工智能之父

“人工智能”的英文表达为 artificial intelligence，缩写为 AI，因此“人工智能”通常被亲切地叫作“AI”。在大众的理解中，人工智能是一种由人工制造而来的机器所表现出来的高级智慧，如让机器人像人类一样思考。通常来说，人工智能是指通过计算机程序来呈现人类智慧的一门技术。

“人工智能”一词最早由美国斯坦福大学人工智能实验室主任约翰·麦卡锡（John McCarthy）提出。

麦卡锡从小就是个极具天赋的人，12 岁时读到埃里克·贝尔（Eric Bell）的《教学大师：从其诺到庞加莱》便为自己做好了一生的职业规划。当他在普林斯顿大学读研究生时，拜访了计算机领域的专家冯·诺依曼，那时麦卡锡脑中已经有了关于“人工智能”的初步概念，只是难以找到一个恰当的词来描述这一概念。

1952 年，麦卡锡加入了贝尔实验室，第一次接触到生物生长模拟程序，并对此产生浓厚的兴趣，只不过对于该程序的名字“自动机”有所不满，认为这不足以表达他脑中已隐约存在的概念。

终于，在 1956 年达特茅斯学院举行的“人工智能夏季研讨会”上，他提出了“artificial intelligence”这一概念。令人意想不到的是，这个词直接导致科研人员分为了两大阵营，他们提出两大观点，分别是“artificial intelligence, AI”（人工智能）和“intelligence augmentation, IA”（智能增强）。除此之外，还有一些其他名字，如自动机研究、复杂信息处理、机器智能等。最终，麦卡锡所提出的“artificial intelligence”被学术各界和大众所接受。

人工智能的内涵可以分为两部分，即“人工”和“智能”。在“人工”方面，我们需要考虑人力所能及或人自身的智能程度是否可以创造出可操控的人工智能等。

较难定义的是“智能”的内涵，它可以是思维和意识，但这仅限于人类目前所能了解的思维和意识，包括人类本身的智慧。然而实际情况是，人类对于自身智能的了解是十分有限的，因而“人工智能”应当包含的必要元素也就具有不确定性。究竟什么才是“人工”制造的“智能”，这很难定义。

人工智能最先在计算机领域得到重视，也取得了一定的成就，因此人们往往容易将人工智能等同于计算机学科，但时至今日，人工智能已经不能再用一门技术来进行简单定义了，它是研究、开发用于模拟、延伸和扩展人的智能的理论、方法、技术及应用系统的一门技术科学，当属计算机科学的一个分支。

人工智能是人体仿生的终极目标，是类人行为、类人思考的研究。人工智能建立在哲学、数学、神经科学、心理学、计算机工程、语言学、经济学、仿生学、控制论的基础上，是一个集数门学科精华于一身的尖端中的尖端学科。通俗来讲，人工智能的目的就是让机器拥有智能，能像人

类一样思考，它的内涵已经扩展为一门交叉的前沿学科，如图 2-13 所示。

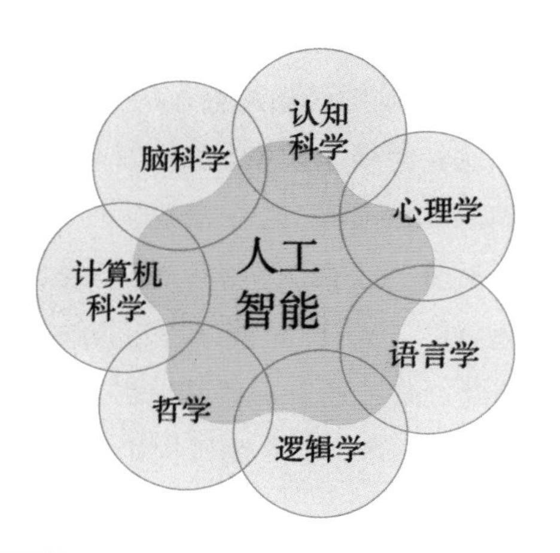

图 2-13　人工智能涉及学科示意图

正如美国斯坦福大学人工智能研究中心尼尔逊（Nelson）教授对人工智能的定义："人工智能是关于知识的学科，即怎样表示知识、获取知识、使用知识的科学。"人工智能学科的基本思想和内容是研究人类智能活动的规律，构造具有一定智能的人工系统，研究如何让计算机去完成那些靠人的智力才能完成的工作，也就是研究如何应用计算机技术来模拟人类智能行为的基本理论、方法和技术。因此，人工智能属于计算机学科的一个分支，但研究人工智能所涉及的范围已经远远超出了计算机科学的范畴。

第六节　强人工智能与弱人工智能

目前人们比较认可的人工智能的定义是麦卡锡提出的，定义为让机器的行为看起来像人所表现出的智能行为一样。但同样不能忽视其他学者提出的概念，毕竟"人工智能"尚没有一个统一的概念。人工智能的概念大体上可分为四类，即机器能像人一样思考、机器能像人一样行动、机器能理性地思考、机器能理性地行动。在这个定义的划分上，人工智能的定义又有所发展，即分为强人工智能（BOTTOM-UP AI）和弱人工智能（TOP-DOWN AI）。

强人工智能显然对人工智能有着过高的期待，持这一观点的人认为，强人工智能或可制造出有知觉、有自我意识的机器，它们能真正进行推理和解决问题。其又分为两类，一类是类人的人工智能，即像人类思维一样进行思考和推理，另一类是非类人的人工智能，即机器产生了和人完全不一样的知觉和意识，使用和人不一样的推理方式，如图 2-14 所示。

图 2-14　人类离强人工智能还有多远

持弱人工智能观点的人则认为，人类不可能制造出像人类一样拥有自我意识，能进行推理和解决问题的智能机器。所谓智能机器，只不过看起来像智能的，但并未拥有真正的智能。目前，弱人工智能已得到主流科研的重视，且已取得可观的成就（图 2-15），而强人工智能的研究仍旧处于停滞不前的状态。

图 2-15　弱人工智能

人工智能的概念之所以有强弱之分，是因为对“人工智能”的定义比较模糊。就目前人工智能的定义来看，如果一台智能机器的工作原理就是对编码数据进行转换，那么这台机器是否具有思维？它对数据进行处理的过程，是否能认为它可以像人一样对这一编码进行理解？如果说人工智能旨在制作出能够思考的机器，那么怎样才算是思考，怎样才算是有智慧？就目前的科技而言，人类模仿鸟类制作出飞机，实现了飞翔的梦想，还模仿自身的器官和功能，制造出类似仿生眼等匪夷所思的机器，但人类真的能仿生自身大脑的功能，制造出会思考、有自主意识的智能机吗？

如果说计算机（电脑）是人类模仿大脑所跨出的第一步，那么在全世界人的不懈努力下，计算机似乎已经具备了些许智能，如能打败围棋高手的阿尔法狗、智能手机、自动驾驶等。虽然这些人工智能只能算作弱人工智能，但它们的确已经帮助人类进行一些本属于人类的工作了。从这方面说，弱人工智能已经取得不小的进步，且与遥不可及的强人工智能比起来，更具有现实意义，即便它依然不能像人类一样具有自我意识和独立思考的能力。

事实上，弱人工智能已得到主流科研的认可，而站在经济发展的角度考虑，迅猛发展的弱人工智能完全可以实现再工业化，工业机器人被应用于工业生产方面，可以解放更多的人类劳动力，从而促使人类向着更加文明的方向发展。

第七节　人工智能发展的四个阶段

1956 年达特茅斯学院举办的人工智能研讨会无疑是人工智能发展史的开端，从那以后，“人工智能”一词，及其有关理论和学说遍地开花。人工智能第一次系统地进入现代文明体系中，成为人类文明发展的方向。

1956 年以后，人工智能的概念不断延伸和扩张，人们也在不遗余力地将人工智能这一概念付诸实践，尽管发展缓慢，但至今也取得了一定的进展。回顾其发展历程，大致可分为孕育期（1956 年以前）、形成期（1956—1970 年）、知识应用期（1971—1980 年）和综合集成期（1980 年至今）四个阶段。

一、孕育期

“人工智能”这一词汇诞生以前，也就是 1956 年以前的时期，被普遍认为是人工智能的孕育期。这一时期已建立起一些相关学科，如自动机理论、数理逻辑、控制论、信息论、计算机科学等，这些学科为人工智能的诞生奠定了理论基础。

1. 信息反馈机制

人工智能其实所指向的就是将人类智能与冰冷的机器建立联系，得到信息的反馈，而事实上，人类智能与机器之间的联系是于 20 世纪 50 年代早期才被人们注意到的。当时的计算机技术已经为人工智能提供了必要的技术支撑，最典型的例子就是自动调温器的发明。

美国最早研究计算机反馈理论的维纳（Wiener）指出，自动调温器的工作原理是将场所内收集到的温度与预期的温度进行比较，而后做出反应，调节加热器的供热大小，从而实现控制调节场所温度。这个例子说明所有的智能活动都是反馈机制的结果，而反馈机制是可以用机器模拟的。反馈机制的理论认识对早期人工智能的发展起到很大影响。

2.Logic Theorist：第一个人工智能程序

1950 年，英国数学家和逻辑学家图灵发表了一篇名为《机器是否能思考》的论文，被认为是划时代之作。在论文中，他提出著名的“图灵测试”（图 2–16），并以此证明使用一种简单的计算机机制从理论上能够处理所有问题，预言简单的计算机将来能够回答人的提问，还能下棋。这奠定了计算机的理论基础。

图 2–16　图灵测试示意图

几乎同一时期，麻省理工学院的香农（Shannon）为能下国际象棋的计算机程序提出基本结构；卡内基梅隆大学的学者纽维尔（Newell）和西蒙（Simon）则从心理学的角度研究人类解决问题的模式，从而以计算机为基础建立起问题求解模型，最终结合香农的设想编写出下国际象棋的简单程序。几年后，二人在此基础上加以深化和改进，编写出一个名为“Logic Theorist（逻辑专家）”的程序，该程序以树形模型为基础结构，即将每个问题都以树形结构来表示，在程序运行时，它会寻找与可能答案最接近的树的分枝进行探索，从而得到正确的答案。

逻辑专辑被认为是人类历史上第一个人工智能程序，在人工智能发展历程中有着不可磨灭的地位。现在所采用的方法、理论许多都出自这个 20 世纪 50 年代的程序。

二、形成期

1956 年，对人工智能来说是具有转折意义的一年，麦卡锡提出的“人工智能”一词在人工智能研讨会上被正式确立，且这次会议给了人工智能奠基人相互交流的机会，虽然谈不上取得了什么成就，但却为人工智能的发展起到了铺垫的作用。自此以后的 7 年时间里，人工智能的重点从机器本身转移到了建立能够自行解决问题、自主学习的系统上。

在此基础上，香农与他的团队一起开发了一个新程序，名为“General Problem Solver（通用解题程序）”。该程序是对维纳计算机反馈理论的一个拓展和开发，它能解决一些比较普遍的问题。

当所有致力于人工智能开发的科学家在努力研发系统时，人工智能之父麦卡锡于 1960 年再次做出卓越贡献，他创建了一种基于 λ 演算的函数式编程语言——表处理语言 LISP，该语言直到现在仍被许多人工智能程序使用，它几乎是现代人工智能所有语言的基础。

1963 年，美国政府和国防部也开始大力支持人工智能研究，虽然这是为了平衡在冷战中与苏联的军事力量，但美国政府的这一决策大大促进了人工智能的发展。在 LISP 基础上，麻省理工学院的专家率先编写出几个问答系统，如解决英文书写的代数应用问题的 STUDENT 系统，以及能存储知识、回答问题的 SIR（semantic information retrieval）系统。

SIR 系统可以展现出一定的智能，如理解简单的英文句子，并通过对句子的推理来回答问题，如给机器人下达简单的指令，机器人可以就该指令制订详细的作业计划。SIR 直接导致自然语言处理学科的出现，

这是这个时期人工智能研究最大的成果。

STUDENT 系统由麻省理工学院的维诺格拉德（Winograd）开发，这是一款可以分析语法和语义，并进行推理回答的系统。STUDENT 系统和 SIR 系统使得人工智能作为一个学术领域在人工智能国际会议上被确立。

至 1970 年，麻省理工学院、斯坦福大学和卡内基梅隆大学相继成立人工智能实验室，这三所大学也成为世界公认的人工智能和计算机科学的三大中心。20 世纪 70 年代也被称为人工智能大发展的一个年代。以上研究证明了计算机的确可以代替人类专家进行一些工作，如统计数据并进行数据分析、参与医疗诊断等，这标志着人工智能作为生活的重要方面已开始改变人类生活了。

三、知识应用期

1. 自然语言系统的发展

1971—1980 年这 10 年时间里，人工智能在理论和硬件上得到飞速发展，并被广泛应用于人类生产生活中。受 LISP 的影响，自然语言的研究越来越多，1972 年诞生的 Prolog（programming in logic）语言几乎成了今后人工智能研究必备的工具。这段时间的语言研究重点放在处理较大范围的自然语言中，就像人类在使用语言进行思想交流时建立在某种知识程度上一样，人工智能如果要理解人类语言，也需要进行更为完善的知识储备。这就决定了之后的自然语言处理主要研究如何在计算机内有效地存储知识，并在需要时灵活运用。

2. 计算机视觉的发展

这段时间，人工智能在计算机视觉领域获得突飞猛进的发展。通过人工智能，机器人不但能识别室内景物，还能处理室外景物所需要的视觉信息，如辨别不同颜色，识别颜色深浅，判断距离差等，如图 2-17 所示。计算机视觉还能对一些机械零件、医学相片等进行视觉处理。

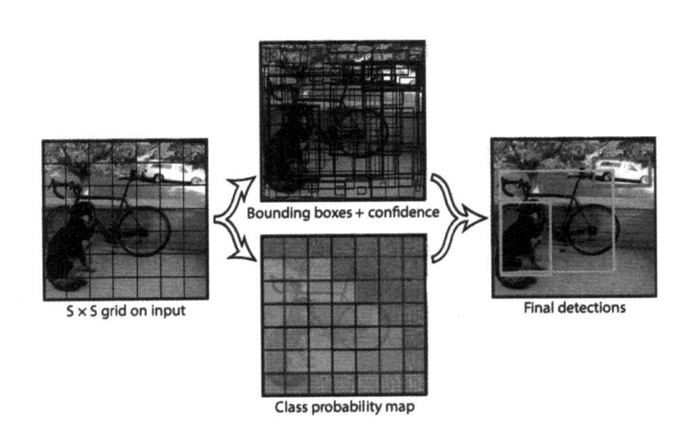

图 2-17　目标检测过程

3. 框架理论与知识工程

基于自然语言系统和计算机视觉领域的发展，科学家注意到人工智能的发展必须建立在知识的储备和灵活利用上。1975 年，明斯基（Minsky）提出了框架理论。框架理论是一种知识表示方法，在此基础上，众研究者开发出使用框架的程序设计语言 FRL（frame representation language）以及 KRL（knowledge representation language），并将其应用于自然语言回答问题和制订旅行计划等系统中。

知识工程同样建立在以知识利用为中心的人工智能研究领域，它主要是存储大量的专业知识，如各领域技术人员的知识进行计算机存储，进而用于各种技术诊断等。

1973 年，斯坦福大学开始研究启发式程序设计，主要研究其在医学方面的应用，最有影响的当属 MYCIN 系统。肖特利夫（Shortliffe）是在哈佛大学数学系毕业后考入斯坦福大学医学系并取得医师资格的。MYCIN 是采用与自然语言相近的语言进行对话，并进行语义分析和推理的机制，这为后来计算机自然语言的研究奠定了基础。

1977 年第五届人工智能国际会议上，费根鲍勃第一次提出了“知识工程”这一名词。他认为，人工智能要想解决复杂的实际问题，必须把专家的知识变换成计算机易于处理的形式加以存储，计算机通过分析推理这些知识来进行实际问题的解决，这便是知识工程，而研究知识工程并进行实际应用的人就是知识工程师，如图 2-18 所示。

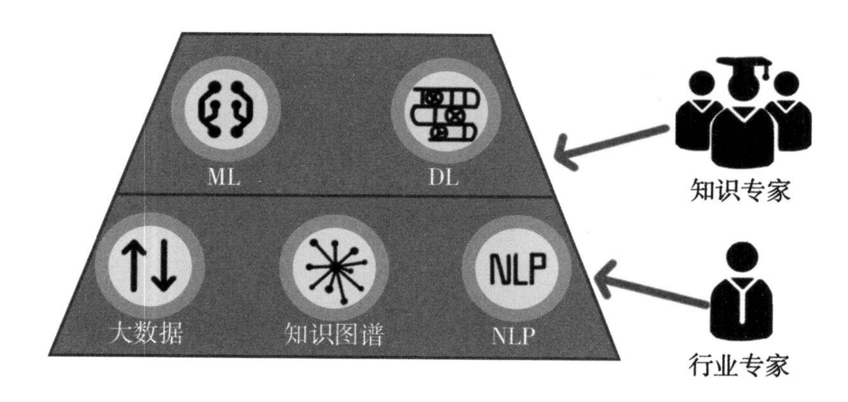

图 2-18 知识工程构想示意图

这以后，知识工程，以及处理和利用专家知识的应用系统被研发出来，并广泛应用于社会方方面面，如医疗诊断、矿物质探测、股市预测等。至此，人工智能已不再是遥不可及的幻想，它以一种方式进入我们的生活，代替人类进行简单的智力活动，得以解放双手的人类则将脑力和体力运用到更有益的工作中去，这让人类文明第一次进入加速度发展阶段。

4. 实际应用

20 世纪 80 年代以来，人工智能已经从多种理论变成真实的成果应用于人类生产生活中。最早的一批人工智能应用在生产技术的开发上，包括工厂自动化转变中的计算机视觉、产品检验、IC 芯片等引线焊接技术的普及，如图 2-19 所示。20 世纪 80 年代后，人工智能已经作为产品流入市场，如 SRI 开发的计算机视觉系统在此时期得到商品化。再如 LISP 机，它最初于 1975 年由麻省理工学院研制，而后部分研究者成立公司并将其商品化。当时美国几家主要的人工智能研究所都购入了 LISP 机，接着它的用户范围进一步扩大到各科研机构和计算机企业。

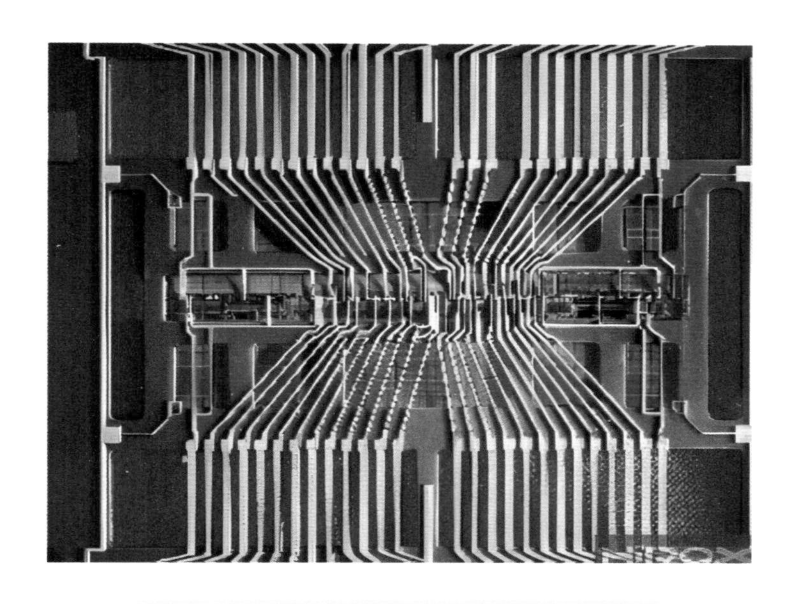

图 2-19 IC 芯片

程序语言也在这一阶段走向商品化应用，同时人机接口的自然语言软件、CAI（computer aided instruction）、GE 公司的机车故障诊断系统、视觉机器人、DEC 公司的由计算机构成的辅助系统等逐渐发展成为家喻户晓的人工智能软件系统。

随着知识工程的推进，知识系统应用的不断深入，人工智能在知识利用和分析上的问题也逐渐暴露出来，如知识获取领域面窄、知识获取难、推理能力弱、智能水平低、欠缺分布式功能、实用性差等。这些问题让欧洲、日本、美国等制订的大型人工智能计划在 20 世纪 80 年代中期就面临破灭了，因为它们与人们所预期的目标相差太远，且人们发现目前所面临的这些困难并非针对的是个别人工智能项目，其存在一个根本性问题——知识系统在信息处理方面的欠缺。

这一根本性问题主要包括两个问题，即信息交互（interaction）问题，以及信息扩展（scaling up）问题。在这以前的人工智能方法只局限在解决人类专家知识领域的狭窄问题上，而不能将其扩展到规模更大、领域更宽广的复杂系统中去。这让刚刚火爆的人工智能领域在 20 世纪 80 年代中期遭到前所未有的打击。

四、综合集成期

20 世纪 80 年代末，人工智能研究在经历短暂的萧条后又重新焕发了新生。原来的人工智能，人们只注重以知识为中心进行系统开发，经历一系列挫败和反思后，科学家将思维扩展到了更为复杂和综合的层面，从那时起到今天，都属于人工智能的综合集成期。

1982 年，美国首创的模糊逻辑和神经网络为人工智能的实现提供了新的可行途径。人工神经网络在于模拟人类的神经系统，将信息的存储和处理并行进行，且具有了自主学习的能力，使人们利用机器加工处理信息有了新的途径和方法，解决了很多曾经难以解决的问题。1987 年，美国第一届神经网络国际会议的召开，使人工智能领域掀起了神经网络的热潮。这以后，日本和欧洲各国纷纷加入神经网络的研究列队中。

模糊逻辑是由美国麻省理工学院鲁克斯（Brooks）教授提出的一种不需要表示和推理的智能，认为智能只在与环境的交互中表现出来，此后人工智能的研究开始在符号机理与神经网络机理的结合，并引入 Agent 系统等方面展开。到了 20 世纪 90 年代，人工智能实现了符号主义、连接主义和行动主义三种方法并行，主张具体问题具体分析，不同问题用不同的方法解决或联合解决，再加上人工智能系统引入交互机制，使人工智能系统的智能水平得以提高。

1991 年，第十二届国际人工智能联合会议在悉尼召开，会上 IBM 公司研制出的计算机系统“深思”与澳大利亚象棋冠军约翰森（Johnson）进行了一场人机对决，结果双方以 1 ∶ 1 持平；1997 年 IBM 公司研制出计算机“深蓝”，在人机对战中取得胜利。

2016 年 3 月，谷歌公司开发的围棋程序“阿尔法狗”以 4 ∶ 1 战胜韩国九段围棋手李世石；2017 年 5 月，“阿尔法狗 2.0”以 3 ∶ 0 战胜当时世界排名第一的中国围棋手柯洁。这些人工智能在人机对战中所取得的成果使人工智能进入新阶段。人工智能的“深度学习”和它在图像识别领域取得的突破，意味着人工智能将再次迎来技术领域和商业市场上的大爆发。

在人工智能发展的几十年时间里，不同的技术在不同时期扮演着不同的角色，使得以机器人为代表的人工智能技术已应用在很多领域并得到充分发展，如语音识别、自主调度、机器翻译、自动驾驶等。这让人们有理由相信，在不久的将来，人工智能机器人将会代替人类完成更多、更复杂的工作。

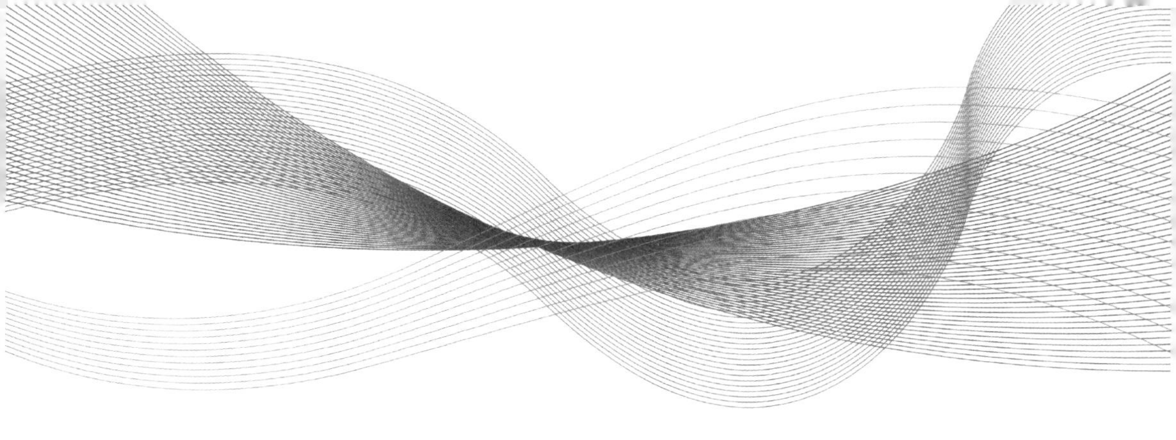

第三章　人工智能的技术基础

对人工智能来说，知识表达是最重要的组成部分，因为人类的智能正是建立在获取并运用知识的过程中的，知识是智能的基础。知识又是由概念组成的，概念是构成人类知识世界的基本单元。人类借助概念来理解世界、与人交流、传递信息。

专家之所以能很好地解释和解决领域内的问题，是因为他具有该领域的专门知识。如果将专家的知识予以归纳总结，并以计算机的形式表达出来，那么机器是否就能像专家一样进行专门的知识表达，并解决领域内的问题呢?

学习是人类进步的主要手段。认识概念，掌握知识，成为该领域的专家，都需要不断学习。机器如果想要像人类一样拥有智能，也需要具备学习的能力。阿尔法狗战胜世界围棋冠军李世石，正是机器学习的结果。以机器学习为代表的人工智能技术存在无限潜力，它们在不远的未来将给人类社会带来翻天覆地的变化。

第一节 具体可感的知识表达

知识表达是人工智能研究中较为基本的问题之一，也是解决很多人工智能问题的关键步骤和技术基础。让冰冷的机器懂得人类知识，并能进行基本处理，从而以一种人类能理解的方式将处理结果传达和告知，这其实是相当困难的一件事。

从技术上说，人工智能的知识表达涉及现实中海量数据的处理问题，即如何用一种统一的模式将人类知识进行编码，从而被机器捕捉并应用。而如何定义一个成功的知识表达语言，使它可以被人类理解的同时，又可以被机器认知，一直是人工智能领域探索的新方向。从其属性上讲，知识表达语言应该是能够无歧义地表达从自然语言翻译而来的句子的含义，并能在此基础上进行逻辑推理和分析，且逻辑推理能力对于知识表达而言是十分关键的存在。

综上所述，人工智能若想实现具体可感的知识表达，也就是人与计算机之间的有效沟通，其核心技术是对自然语言处理的技术，目前它至少包括三方面的技术，即机器翻译技术、语义理解技术、问答系统技术。

一、机器翻译技术

所谓机器翻译技术，即利用计算机技术实现把一种自然语言转变为另一种自然语言的技术。机器翻译的研究历史可以追溯到 20 世纪上半叶，1933 年，苏联发明家设计了一种翻译语言的机器，但由于当时技术水平的限制，最终没能制作出翻译机。直到 1946 年，第一台现代电子计算机诞生，机器翻译再一次被提出。3 年后，《翻译备忘录》的发表代表机器翻译思想最终成形。

1954 年，美国乔治敦大学与 IBM 公司合作利用计算机完成了英语－

俄语的机器翻译试验，这向公众宣告机器翻译并非一场空想，它具有一定的可操作性。此后，机器翻译研究在美国、苏联等政治军事大国间蓬勃发展，呈现出一片繁荣景象，但这一景象很快终止于20世纪60年代中期到70年代中期这段时间。

20世纪70年代后期，世界政治、经济形势趋于平稳，各国之间的信息交流增多。另外，计算机硬件技术的发展、语言学研究的发展，以及人工智能在自然语言处理上的应用，都推动了机器翻译研究的复苏。我国在20世纪80年代中后期也加快脚步，成功研制出KY-1和MT/EC863英汉翻译系统。

20世纪90年代至今，人类伴随计算机和互联网的普及而走入信息时代，这时数据量激增，机器翻译这一角色在信息化发展这个大舞台上更具分量，因而迎来一个新的发展机遇。一大批的翻译软件涌入商业市场，走到用户面前，呈现出实用化特点。

进入21世纪的前10年，机器翻译更是经历了从统计机器翻译（statistical machine translation，简称SMT）到神经网络机器翻译（neural machine translation，简称NMT）的跨越，机器翻译彻底走向实用。近年随着“深度学习”的发展，机器翻译在质量上得到快速提升，尤其在口语领域表现出色，向着更加地道流畅的目标迈进，如深度神经网络机器翻译在日常口语中的成功应用等。上下文的语境表征和知识逻辑推理能力的发展，使得机器翻译具有了更为具体可感的知识表达。

1.统计机器翻译

统计机器翻译最初是基于词的统计翻译，目前已经过渡到基于短语的翻译，即对大量的平行语料进行统计分析，构建统计翻译模型，进而完成翻译。目前，统计机器翻译正在融合句法信息，从而进一步提高翻译的准确性。Google翻译绝大部分都是采用统计机器翻译的方法，且在机器翻译领域一直保持领先的地位。

统计机器翻译包括训练和解码两个环节，训练是为了获得模型参数，解码则是在模型参数的基础上优化目标，获得语句的最佳翻译结果。这一过程包括语料预处理、词对齐、短语抽取、短语概率计算、最大熵调序等步骤。图 3-1 是统计机器翻译示例。

图 3-1　统计机器翻译示例

统计机器翻译的难点在于处理句法有差别的语言时出现词词准确却让人难以连成容易阅读的连贯句子的问题，这是因为模型中所包含的语法、语义成分较低，当处理句法差异较大的语言时便遇到困难。这个问题目前依然没有很好地得到解决，但大量的研究已集中于将句法知识引入框架，如使用依存文法限制翻译路径等。

长久以来，统计机器翻译所依赖的是庞大的语料库，语料库越丰富，就越需要强大的计算能力，Google 在机器翻译方面之所以能取得如今的地位，就得益于其强大的分布式计算能力，一旦分布式计算得以普及，那么机器翻译的相关技术将出现并行化。

机器翻译依赖客观评价准则，如每年与机器翻译相关的会议都会就客观评价准则进行研究探讨，但客观准则并非最终目标，它要与主观评价准则挂钩，如此才能做出公平合理的评价。其实，评价翻译的优劣本就是另一个待解决的人工智能问题，其难度不亚于机器翻译问题。

2. 神经网络机器翻译

神经网络机器翻译是基于神经网络的端到端翻译方法，简单说就是通过计算机神经网络技术，利用人工智能模仿大脑神经元进行语言翻译。这种机器翻译方法不需要像统计机器翻译一样设计模型，而是直接把源语言句子的词串送入神经网络模型中，通过神经网络运算，得到语言句子的翻译结果。

在基于端到端的机器翻译系统中，通过递归神经网络或卷积神经网络对句子进行表征建模，从海量训练数据中抽取语义信息，这就比基于词或短语的统计机器翻译更加丰富，翻译结果更加流畅自然，较少出现只词词精准，句子不通畅的问题，因此更适宜实际应用。图 3-2 是神经网络机器翻译示例。

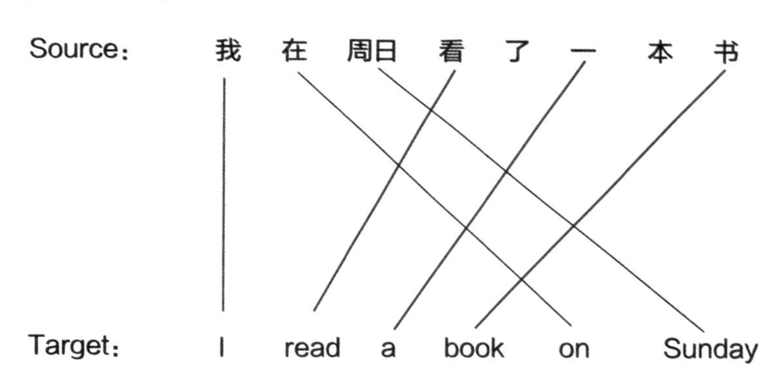

图 3-2　神经网络机器翻译示例

二、语义理解技术

语义理解技术最初是利用计算机技术实现对文本篇章的理解，并就该篇章内容，结合上下文进行精准回答的技术。近年来语义理解技术得以快速发展，相关数据集和对应的神经网络模型层出不穷，语义理解已在人工智能客服、产品自动问答等领域取得重要进展。

语义理解建立在数据采集基础上，通过自动构造数据方法和自动构造填空型问题的方法来实现数据资源的有效扩充。深度学习方法的相继提出，也解决了一部分自动填充型问题，如基于注意力的神经网络方法等。利用神经网络技术对篇章、问题建模，可以对答案的开始和终止位置进行预测，使得处理难度得以提升。

2020 年度国家科学技术奖励大会在北京举行，百度的“知识增强的跨模态语义理解关键技术及应用”获得了国家技术发明二等奖。知识增强跨模态语义理解技术成为目前较新的语言技术，它旨在通过构建大规模知识图谱，关联模态信息，通过知识增强的自然语言语义表示方法，解决不同模态语义空间的融合表示难题，让机器像人一样，靠语言、听觉、视觉获取真实世界的统一认知，进而对复杂场景进行理解，而不再局限于对篇章段落等文本的解读。图 3–3 是知识图谱的体系架构。

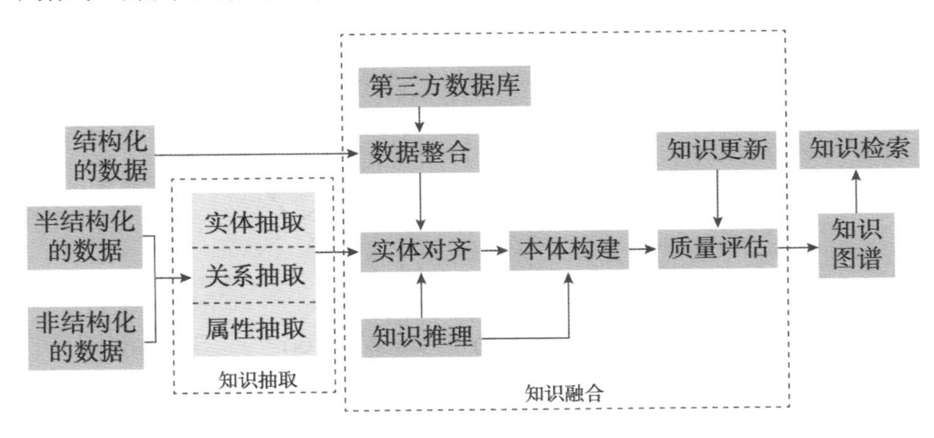

图 3–3　知识图谱的体系架构

对视频内容的深度理解是非常核心的基础技术。在实际应用场景中，要实现对视频的深度理解，知识发挥着重要的作用。如从一段短视频的内容理解上看，传统的视频理解多基于通过人脸识别和 OCR 关键字识别进行感知，但不能刻画出用户对视频核心的细粒度兴趣，如影视剧的角色、关系等知识。而基于知识图谱的语义理解就能对视频进行深度结构化解析，解决这类问题。

这就意味着，市场需求的语义理解是基于知识图谱对资源从多维度进行知识增强的语义分析，从而协助提供更高级的智能应用所需要的语义计算与推理能力，即它可以真正理解资源背后的知识，还可以基于知识图谱进行计算和推理。针对不同业务场景，可进行多种不同的输入和满足多种定制化需求，从而提升语义理解的效果，支持不同的业务，如基于知识增强的标注技术、基于概念图谱的细粒度概念化关键技术。

知识增强的跨模态语义理解技术突破了机器自然语言处理在语义理解技术上的瓶颈，它目前可以通过百度智能云等各种平台应用于能源、制造、电力、金融、医疗、媒体等各行业，服务于公共信用、应急管理、司法等领域，实现人工智能服务社会的目标。

三、问答系统技术

问答系统技术是指让计算机像人类一样用自然语言与人进行交流的技术。问答系统分为开发领域的对话系统和特定领域的问答系统，是信息检索系统的一种高级形式，它能用准确、简洁的语言回答人类提出的问题。如人们可以向机器提问，系统会针对人们提出的问题进行关联性较高的回答。

信息化时代，人们越来越需要快速而准确地获取信息，针对这一问题，问答系统目前已经有了不少应用产品，但主要集中在信息服务系统和智能手机助手领域，如各通信公司开发的智能语音服务系统和智能手机语音助手（如 Siri）。随着人机交互方式的改变，基于人工智能技术的问答系统充满活力，这表明问答系统依然是人工智能和自然语言处理领域中一个备受关注的研究方向。IBM 公司推出的沃森是人工智能技术方面具有代表性的问答系统的新应用，它可应用于医疗、教育、知识竞答等方面。

问答系统一般包括三个部分，即问题分析、信息检索、答案抽取。

这三个部分基本概括了问答系统的操作方法，即对用户提出的自然语言问题进行分析，而后根据问题的分析结果进行信息检索，从而缩小答案可能存在的范围，最后在可能存在答案的信息块中抽取答案进行语音回答。

问答系统的研究始于1950年的图灵测试。到了20世纪60年代，人工智能研究从幻想变为现实，当时自然语言理解作为人工智能早期研究方向，已经催生出若干自动问答系统，但当时受技术条件的限制，所有的问答系统都是在固定领域中进行，即专家系统。这种系统局限于结构化数据库，主要依赖规则实现答案抽取。

随着时间的推移和技术的进步，出现了可进行对话的以文本为基础的问答系统，如1966年的ELIZA系统，1970年的SAM阅读理解系统，以及1973年的LUNAR系统。此后，以文本检索为技术依托的问答系统不断地发展和完善。20世纪90年代后，信息技术的普及，使得问答系统的研究更为活跃，这也意味着传统的文本搜索技术在与日俱增的网络资源面前力不从心，促使搜索引擎技术突飞猛进。在这种背景下，问答系统的研究再一次迎来高潮。1993年，麻省理工学院开发出一款针对互联网的自然语言问答系统SMART，它可以回答地理、历史、文化、科技、娱乐等方面的简单问题。

20世纪末到21世纪初，自动问答系统通过TREC（text retrieval conference）会议，几乎综合了当时较为先进的技术和知识，如自然语言理解技术、本体知识、知识抽取技术等，在答案抽取速度方面，也得以提高。2005年，百度推出了一款真正意义上的交互式问答系统百度知道，该系统针对提出的问题首先在历史数据库中查找，一旦发现相同问题，则立马作答，如果搜索不到相同问题，则返回给提问者若干相似的问题及其答案。除此之外，当用户完成某问题的回答，其还会推出若干相似、等待解决的问题，请求用户作答。这为问答系统开创了一种新模式，之后涌现出多种类似交互式问答的系统，如天涯问答、新浪爱问、腾讯问问等。图 3–4 是问答系统发展示意图。

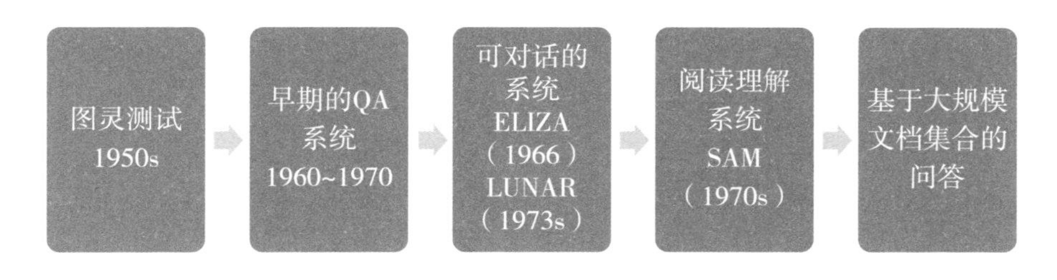

图 3–4　问答系统发展示意图

人工智能问答系统涉及的领域更为广阔，关键技术包括知识的抽取和表示、用户问句的语义理解和通过知识推理得到准确答案。

第二节　清晰可感的概念表示

人工智能的能力由知识存储的质量和数量决定，而在人类世界中，构成知识的元素是概念。人类只有借助概念才能够真正地认知世界、传递信息等。因此，准确地感知和使用各种概念是人类智能的基本表现。要想表示概念，就必须有能力对概念进行定义。基于人类的研究总结发现，并非所有的概念都可以进行精准定义，因而能将概念进行清晰可感的表示就显得十分重要。

经典概念理论认为，概念由概念名、概念的内涵、概念的外延来表示。如计算机的概念，概念名是计算机，其内涵是一种现代的用于高速计算的电子计算机器，其外延是能够进行数值计算和逻辑计算，具有存储记忆能力，按照程序运行，自动、高速处理海量数据的现代化智能电子设备。

如此，我们大概能了解到，概念名往往由一个词语来表示；概念的内涵往往用非真即假的命题来表示，即某个概念是一个怎样的存在，反映的是概念的本质属性；概念的外延由概念指称的具体实例组成，是一个满足概念内涵表示的对象构成的经典集合，如图 3-5 所示。

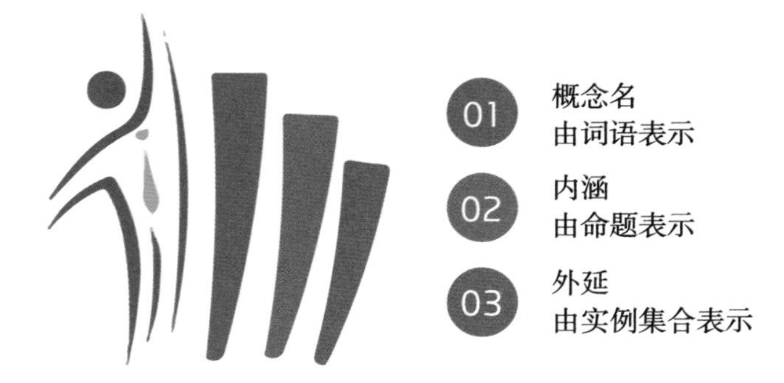

图 3-5　概念的构成

经典概念在人类生活中十分重要，人工智能若想要模仿人类拥有智能，首先要进行清晰的概念表示。一般来说，通过将命题符号化可以实现命题范围内的推理和计算，但遗憾的是，并非所有的命题都能用于日常生活推理。而当概念的内涵表示为命题时，即非真即假时，可以进行数理逻辑运算。

概念的外延往往涉及的是概念所明确指称的对象集合。集合在自然语言里所对应的是概念名，在数学计算里对应的是相应的符号，并以此降低书写难度。集合的表示方法有两种，即枚举法和谓词表示法。集合中的元素对应对象，每一个对象都可以看作更具体的概念。元素和集合之间是属于和不属于的关系，这在数学计算中都有相应的书写符号来表示。

就像并非所有的概念都能精准定义一样，也并非所有的概念都能进行经典的概念表示，如自古以来，对“美”就没有一个经典定义，其外延和内涵都难以表示。

在“秃子悖论”中，假设一个人有 10 万根头发，这个人一定不是秃头。不是秃头的人掉了一根头发，这很正常，因为他不会因为这根头发而变成秃头。照此推理，让一个不是秃头的人一根一根地减少头发，减少 10 万次，头上已没有一根头发，但他依然不是秃头。这就产生了悖论。可是这个悖论在哪个环节发生了错误呢？其实错误在一开始的概念上就埋下了。

秃头的概念并非一个命题，而是一个模糊概念。一根头发也没有的是秃头，那多一根呢？仍然是秃头。一根一根地增加，增加到哪一根就不是秃头了呢？这里并没有一个明确的标准或概念表示。如果以此推理 10 万次，就得出“一个人即使具有 10 万根头发也是秃头”。一个正常成年人的发量就有 10 万根之多，显然这个结论很荒谬。

在日常生活中，类似“秃子”的概念并不少见，正如维特根斯坦（wittgenstein）在 1953 年出版的《哲学研究》中所论证的，生活中的实用概念，如人、猫、狗等不一定能用经典的内涵表示。尽管如此，这类概念却并没有影响人类的正常生活，这又是为什么呢？为此，有学者为这些不能用经典概念进行表示的概念，提出了一些其他概念的表示理论，如原型理论、样例理论和知识理论。

一、原型理论

一个概念虽然无法用命题来表示内涵，却可以用原型来表示，而这个原型不论是实际存在的还是虚拟的样例，不论是实体还是图示，它一定是该概念的最理想的代表原型。比如，在中国语言环境中，“好人”这个概念就很难用明确的命题表示，但一说“活雷锋”，就明白这个“好人”是怎样的了，因此“雷锋”就是该概念的原型。

在原型理论中，可以将所有像某个概念原型的对象归纳为某类事物，这就很好地定义了该概念的外延。虽然这种方法所表示的外延，其边界是模糊的，但并不妨碍人们对它的理解。于是，有人在此前提下提出了模糊集合的概念，因为它并非“非黑即白”，而以模糊集合发展而出的模糊逻辑，就很好地解决了“秃子悖论”问题。

二、样例理论

样例理论与原型理论有着异曲同工之妙，但又有所不同。当一个概念无法找到最理想的原型时，就用到了样例理论。样例理论认为，概念无法由一个对象样例或原型来代表时，可以由多个已知样例来表示。这来源于人类幼儿最初对事物的认知，一般来说，人类幼儿只需要认识同一个概念下的几个样例就可以对该概念进行辨识，如向他说明“鸟”这个概念，只需要将麻雀、燕子、喜鹊等几个样例向他指出，并以此说明这些都是鸟，那么他的脑海中就对鸟有了一个模糊概念。

在样例理论中，概念的样例通常有以下三种表示形式：用所有的已知样例进行表示；用所已知的最典型或最常见的样例进行表示；用经过选择的部分已知样例来进行表示。

三、知识理论

有些概念建立在人类特定的文明上，它是特定的知识框架的一个组成部分，这样的概念被称为知识概念。比如，颜色的概念存在于人类各类文明中，但它们中具体的颜色概念在各自文明的表示又有所偏差。这种偏差并不影响颜色概念在人的心智中的存在，这就是概念在知识理论中的表示。

第三节　具有专门知识与经验的专家系统

专家系统不但是人工智能领域重要的研究之一，而且是目前人工智能领域最成功的明证，因为它是第一个用于商业的人工智能。

作为人工智能的早期产物，专家系统是一个或一组能在某些特定领域应用大量专家知识和推理方法进行复杂问题求解的计算机技术，属于人工智能的一个发展分支。一般来说，专家系统是知识库和推理机的组合，一个合格的专家系统，必须同时满足三个要素：相关领域内的专家知识、模拟专家思维、达到专家级水准。这样的专家系统注定适用于没有公认的理论和方法的、缺乏数据或数据不精准的、人类专家短缺的领域。

专家系统目前已成功应用到社会方方面面，遍布各个专业领域，按照专家系统处理问题的类型，可以分为释义型、诊断型、维护型、教育型、预测型、规划型、设计型和调式控制型等。具体应用更是不胜枚举，如各类疾病诊断系统、电话电缆维护专家系统、花布图案设计和花布印染专家系统等。

一、专家系统的发展阶段

专家系统自诞生经历了三个阶段的发展，分别是 1965 到 1971 年的初创期、1972 到 1977 年的成熟期、1978 年到今天的发展期。

1968 年，斯坦福大学计算机系的费根鲍姆（Feigenbaum）教授及其研究小组研制出一款推断化学分子结构的系统 DENLDRA。接着麻省理工学院又研发出一款用于数学运算的数学系统 MACSMA。研究者在研发这两款系统时只注重系统的性能，却忽略了其灵活性的问题，这也是这些系统被叫作专家系统的原因。从此，那些针对专门领域研发的具有专门知识与经验的处理专门问题的系统被叫作专家系统，其成为人工智能研究领域的一个分支，如图 3–6 所示。

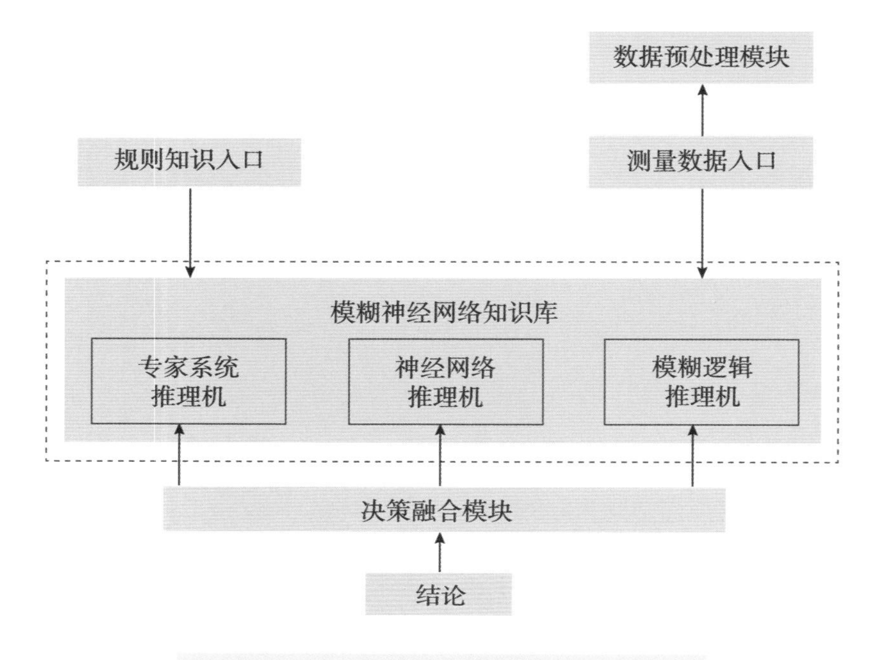

图 3-6　智能诊断平台构成

到了 20 世纪 70 年代，专家系统逐渐趋于成熟，人们也乐于看到更多的专家系统被应用到实际生产生活中。因此，20 世纪 70 年代中后期涌现出以 MYCIN、HEARSAY、PROSPECTOR 等为代表的一批卓有成效的专家系统，尤其以斯坦福大学研究开发的血液感染病诊断专家系统 MYCIN 为首，让公众第一次感受到了来自人工智能的神奇能力。

MYCIN 第一次将知识库概念应用起来，并在系统中使用了仿人类大脑的推理技术来进行启发式问题求解。MYCIN 以它卓越的理论和实践，成为当时最具影响力的专家系统。

另外，在语音识别方面成为专家的 HEARSAY 专家系统也以非凡的技术创造了另一个奇迹。

随着元知识概念、产生式系统、框架和语义网络知识表达方式在专家系统的逐渐应用，科学家提出知识工程的概念，这代表着专家系统已经跨向成熟阶段。

20世纪70年代末，专家系统的广泛应用，使得人工智能方面的专家认识到这样一个问题，即程序的求解能力并非取决于其推理模式，而取决于它处理知识的能力，这就意味着人工智能的智能程度高低取决于它是否具备相关领域的高质量的知识。这一认知无疑是对专家系统最大的肯定，从此人工智能有了一个新的研究方向，围绕专家系统出现一批用于建立和维护专家系统的工具系统。如在MYCIN基础上开发出的EMYCIN系统，具有MYCIN的架构，却没有领域知识库，或者仅仅拥有MYCIN推理部分的构造，因此又被叫作骨架系统。骨架系统完善了专家系统，促使专家系统更加商业化，同时专家系统的商品化又推动了骨架系统的发展。这让专家系统进入一个崭新的发展阶段。

20世纪80年代，专家系统在数量上激增，进入量化生产阶段。社会各领域都出现了相应的专家系统，除地质勘探、地球资源评估、医学、数学、物理学、化学等方面，专家系统还广泛应用于企业管理、经济决策等方面。

20世纪90年代后，随着信息技术的发展，专家系统与知识工程、模糊技术、神经网络技术、数据库技术等相结合，展现出强大的生命力。

二、专家系统的构成

让机器像专家一样解决复杂的专业问题，看似不切实际的幻想，如今已经随着专家系统的广泛应用而得到证明。专家系统在社会应用中已经产生了巨大的经济效益和社会效益，成为人工智能领域中最先获得公众认可，也最具生命力的技术。

目前，专家系统已经发展成由知识库、推理机、人机交互界面、综合数据库、解释器、知识获取等六大部分构成的人工智能系统，其中知识库和推理机为其核心部分，知识库负责提供求解问题所必备的知识，推理机则负责在知识库中拣选所需要的内容来进行实际问题的解决。这就意味着知识库的构建十分重要，需要人们把相关领域内人类专家的知识从头脑中整理出来，并用机器可读取的语言存放在知识库中。当机器遇到实际问题时，用户仅需要为系统提供一些已知数据，专家系统便可以做出具有人类专家水准的结论，如图 3-7 所示。

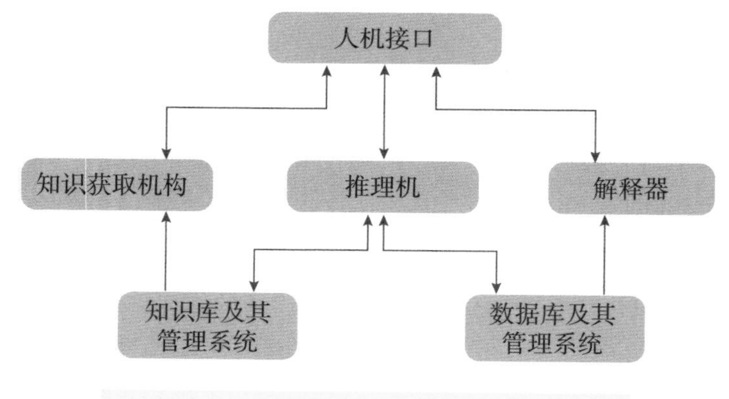

图 3-7 专家系统的构成示意图

1. 知识库

一个专家系统解决问题的能力，或者说专家系统质量优劣主要体现在知识库方面，知识库中的知识储量和质量往往决定着专家的水平，专家系统也是如此。由于人类知识是在不断更新变化的，因此专家系统的知识也需要与时俱进。专家系统的知识库只有相互独立，用户才能不断地对知识库的存储内容进行改变和完善，从而提高专家系统解决问题的能力。

知识库还涉及人工智能中的知识表现形式，专家系统较为常见的知识表现形式是产生式规则。产生式规则并不难理解，它由条件和结论组成，即通过逻辑运算，将条件与结论相结合。一旦前提条件得到满足，就会产生相应的动作或结论。

2. 推理机

推理机是专家系统中利用知识推理进行实际问题解决的关键部分，包括推理和控制两方面，由执行器、调度器、一致性协调器等组件构成。其中，调度器依据控制策略和记录信息选定动作，执行器应用知识库中的知识和记录信息执行调度器选定的动作。一致性协调器的主要作用是对已得到的结果进行似然修正，确保结果的前后一致性。

在专家系统中，知识的运用模式叫作推理方式，知识的选择称为推理控制，这两方面直接决定着推理的效果和效率。一般推理机的推理方式是模仿人类进行演绎推理，也就是形式化逻辑推理，但由于人工智能研究的特点，严格的演绎方式并不能处理所有的问题，因而开发出各种非经典逻辑推理方式，如非单调推理和定性推理。

非单调推理又叫默认推理，即常识推理大量地依赖于默认信息。也就是说，当没有事实证明该事情不成立时，那么它就被默认为成立。定性推理主要起源于现实世界中物理系统的研究，它从人类的直观思维出发，不依赖于严格的定量方法。

3. 人机交互界面

人机交互界面，从字面上理解是人与机器进行交流的界面，专业讲是指人与计算机系统之间的通信媒介或手段。通过该界面，对计算机进行输入和输出，从而实现人与计算机的对话。所谓机器，可以是各种各样的机器设备，也可以是计算机化的系统和软件。因此，人机交互界面通常是被用户可见并能进行操作的部分，如飞机上的仪表板、发电厂的控制室等。

在人机交互界面（图 3-8）中，人应该排在首位，系统的设计应该符合用户的需求，而并非用户适应系统，改变他们使用系统的方式。

图 3-8　人机交互界面示意图

4. 综合数据库

综合数据库的通俗叫法是“黑板”，顾名思义，它用于存储或记录领域或问题的初始信息数据，以及推理过程中得到的结果和最终得到的目标结果。在解答问题的过程中，黑板往往会记录问题对象的一些描述、假设条件和当前事实等内容，而这些内容在系统运行过程中又往往是不断变化的，因此又称为动态数据库，其会根据不同的目的而进行规模和结构的调整。

5. 解释器

解释器主要的作用是解释说明，即用户提出问题，解释器会对其结论、求解过程等做出解释说明，如图 3-9 所示。解释器的存在让人机互动更为畅通，也使得专家系统更有人情味。

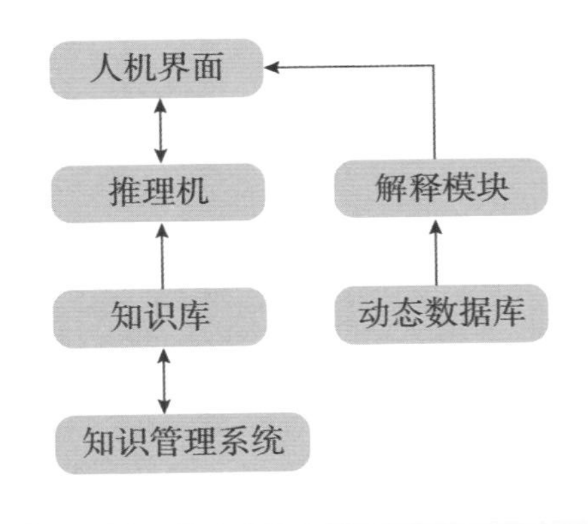

图 3-9　解释器结构图

6. 知识获取

专家系统的优劣靠的是知识的储备和准确度，而知识获取技术是检测专家系统知识库优劣的关键，也是专家系统在设计时最容易遇到的瓶颈问题，如图 3-10 所示。好的知识获取技术，不但可以逐渐完善和修改知识库的内容，还可以拥有系统的自主学习能力。

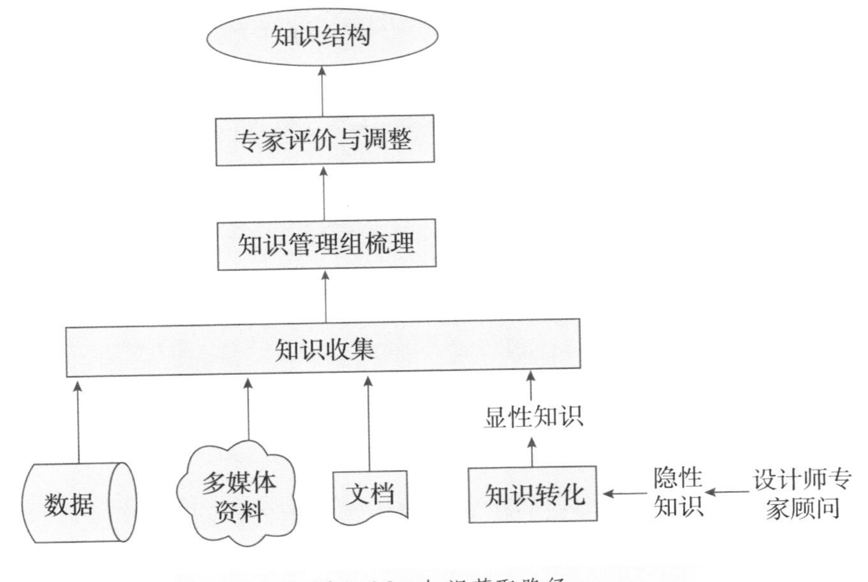

图 3-10　知识获取路径

了解了以上内容，就可以明白专家系统的工作流程，即用户通过人机交互界面输入信息，推理机带着这一信息在知识库中浏览一圈，寻找合适内容进行匹配，然后将匹配的结论存放到综合数据库中，也就是写在黑板上，最后专家系统将得出的最终结论反馈给用户。

第四节　人工智能的核心——机器学习

人类的文明发展及进步，在很大程度上依赖于学习的能力，学习可以说是人类最重要的智能行为，因此人工智能亟待解决的核心问题之一，应当是机器的学习能力。然而究竟何为学习，该怎样定义学习，对于人类来说是很难的问题，更何况人工智能。

一、什么是机器学习

从 20 世纪 60 年代人工智能步入研究轨道开始，关于机器学习的定义就层出不穷，但最终也没有一个统一的结论。1966 年，兰利（Langley）最初将机器学习定义为人工智能领域中，机器在经验学习中改善算法的性能研究。1977 年，卡内基梅隆大学的教授，被誉为机器学习教父的汤姆・米切尔（Tom Mitchell）认为，机器学习是对能通过经验自动改进的计算机算法的研究。2004 年，阿培丁（Alpaydin）认为，机器学习是用数据或以往的经验，优化计算机程序的性能标准。

基于人工智能技术的研究，机器学习目前被认为是一门学科，是研究如何使用机器来模拟人类学习活动的一门学科。机器，目前指电子计算机，随着科学的进步和人工智能研究领域的深入，将来还可能指光子计算机或神经网络计算机等。

随着人工智能研究领域的拓展，现代意义上的机器学习已经是一门复杂的交叉学科，它涉及统计学、系统辨识、逼近理论、神经网络、优化理论、计算机科学、脑科学等诸多领域，更为深入地研究计算机怎样模拟人类的学习行为，从而不断获取新知识、解锁新技能，完善自身性能。

二、机器真的可以学习吗

机器是否真的可以像人类一样具备学习的能力呢？这个问题在 20 世纪 60 年代就已经得到了答案。1959 年，美国科学家塞缪尔（Samuel）设计出一款下棋程序，一开始这个程序的下棋水平仅与设计者持平，但在 4 年后，该程序就已经在下棋比赛中打败了设计者；3 年后，它在与美国一个保持 8 年冠军头衔的专业棋手进行较量时取得胜利。这说明该程序是可以在不断对弈中完善棋艺的，也就是说机器是具备学习能力的。这就打破了那些“机器的性能和动作无论如何也无法超越设计者本人”的论断。

那么，人类是怎样让机器学习的呢？这首先要清楚人类学习的模式。人类学习可以按逻辑顺序分为知识或技能的输入、整合、输出三方面，如图 3–11 所示。比如，人类在学习一门语言时，首先从背诵词汇开始，这一阶段就是知识的输入阶段，通过背诵积攒大量的词汇。但单纯靠知识输入并不能学会一门语言，学过英语的人都知道，即使背完一整本牛津大辞典也没办法与外国人进行畅通的交流。这时，可以开始学习的第二阶段，即学习该门语言的语法知识，也就是了解这门语言约定俗成的语法习惯，这样才能知道如何将脑海里积攒的那些词汇组合成连贯畅通的句子，这个阶段就是整合阶段。最后，在具有一定词汇量的基础上，利用已知的语法规律，脑海中就能形成一些句子，只要配合恰当的发音技巧就能成功表达出自己的想法。这一阶段正是所谓的输出阶段。

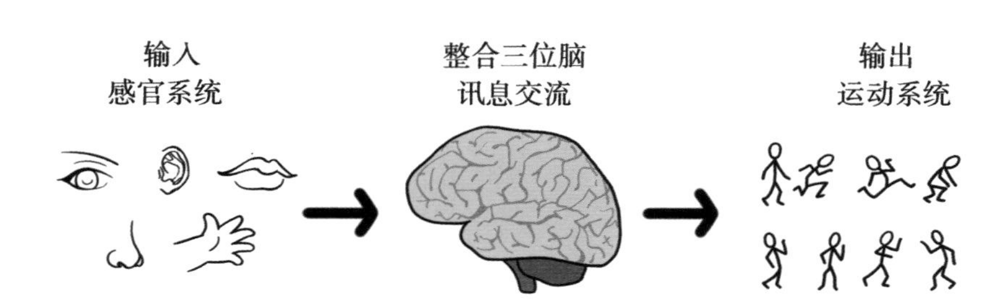

图 3-11　人类学习的过程

人类正是通过这三阶段的学习，一步步开拓文明，成为地球的主宰。然而，人类的脑容量和寿命是有限的，即便聪明如爱因斯坦，也要从咿呀学语开始学习，当人的大脑容量开发不足10%时，生命便走到了尽头。而下一代人，即便站在巨人的肩膀上，依然要从头学起，这就限制了人类的文明实现知识爆炸性增长。于是，当人工智能出现，并证明机器具有学习能力时，人们便寄希望于计算机来突破这一瓶颈。

人类学习能力强，更加灵活，但记忆力差、反应慢，而计算机虽然呆，但容量大、计算快、稳定，是否可以将两者的优势加以结合呢？这便是机器学习技术需要解决的问题。其实，这几十年来，各领域学者总结出了不少教会计算机学习的办法，这就是各式各样的机器学习算法。基于此，机器学习应当是指用某些算法指导计算机利用已知数据得出适当的模型，并利用此模型对新的情境给出判断的过程。机器学习其实就是对人类学习过程的一个模拟，其中最关键的技术关卡就是数据，如图3-12所示。阿尔法狗之所以能打败李世石，是因为它在短短的时间里已经和自己互搏了数千万场的棋局，而李世石即便再聪明，穷其一生所能对弈的棋局也不足阿尔法狗的百分之一。这是否可以说，数据越大，机器的学习能力就越强呢？

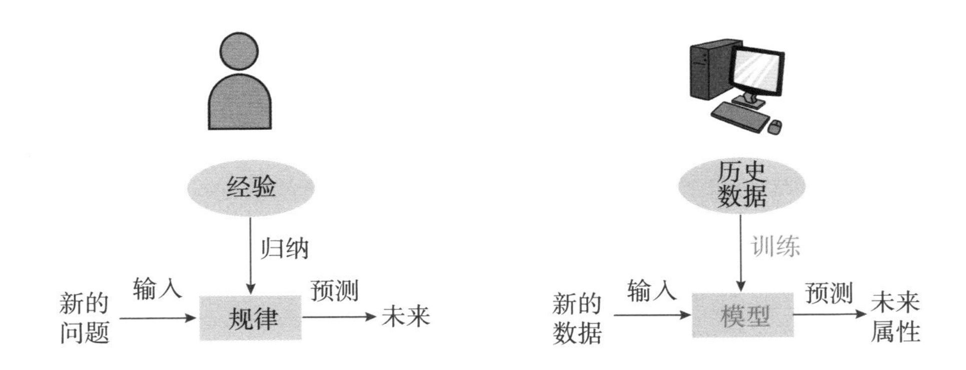

图 3-12 人脑学习 VS 机器学习

三、机器学习的发展阶段

自机器学习教父汤姆·米切尔（Tom Mitchel）定义机器学习并撰写《机器学习》一书后，人工智能领域对机器学习的研究就从未停止过。机器学习出现阶段性的突破是在 20 世纪 80 年代以后，尤其以统计学与机器学习相融合为标志。加州大学伯克利分校的迈克尔·乔丹（Michael Jordan）教授利用统计学的方法，从具体问题着手，一步步完善了统计机器学习理论的框架。统计学家擅长理论分析，计算机学家具有较强的计算能力和解决问题的能力，因此将统计学和计算机学相融合，可以使机器学习在取长补短中日趋完善。统计学与计算机学的融合标志着统计机器学习已经成为计算机科学的一个主流分支，也标志着机器学习已经成为人工智能领域里一门重要的基础学科。

机器学习跨越性发展的另一个标志是深度学习的出现。2006—2007 年，杰弗里·辛顿（Geoffrey Hinton）等人在《科学》杂志上提出了“深度学习”这一概念。深度学习是基于机器学习延伸出来的一个新领域，是随着神经网络的兴起而诞生的，它以人类大脑结构为启发的神经网络算法为依托进行建模，并伴随大数据和计算能力的提高而产生一系列新的算法，这大大提高了机器学习的能力。

目前，深度学习已经出现在人类生活的方方面面，智能手机中的语音识别、人脸识别，搜索引擎中的图片搜索、百度识图等都应用了深度学习的技术。Facebook 的人脸识别项目 DeepFace 的准确率接近人类肉眼（97.25% VS 97.5%）。这意味着目前人类所从事的活动会因为深度学习的发展而被机器取代，如汽车和飞机等交通工具的自动驾驶取代人工驾驶。深度学习的发展让人类第一次如此近距离地接近人工智能的终极目标，这是多么令人欣喜的事情。

四、机器学习的类型

机器学习根据所处理数据种类的不同，可以分为监督学习、无监督学习、半监督学习和强化学习。监督学习是机器学习中最重要的内容，占据了机器学习算法的绝大部分。

1. 监督学习

所谓监督，就是指在已知输入和输出的前提下，建立起一个将输入准确映射到输出的模型，当输入的新数据有变化时，就能预测出对应的输出，在这一过程中，机器可以不断地通过训练输入来指导算法不断改进。如果输出的结果不正确，那么它与期望正确结果之间的误差将作为纠正信息传回到模型，并进行纠正。监督学习已经发展出了数以百计的不同算法，目前被广泛使用的算法是 K 近邻算法、决策树等，如图 3–13 所示。

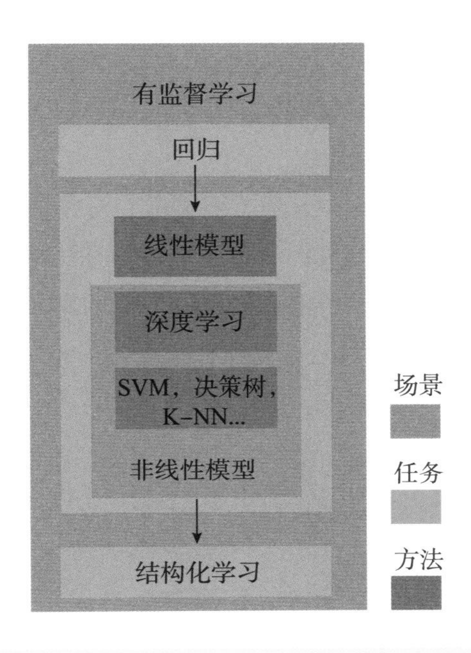

图 3-13　监督学习示意图

2. 无监督学习

无监督学习，就是不受监督的学习，即人类不需要进行数据标注，而是通过模型的自我认知、自我归纳来完成学习过程。无监督学习虽然并未得到广泛应用，但它却存在许多明显的优势，如不需要大量的数据标注，这就节省了大量的人力、物力和财力，以及人类宝贵的时间。无监督学习事实上更接近人类学习的模式，这就好比同时教人类幼儿和计算机认识“鸟”，人类幼儿在接受成人的一次教学后，会通过自我发现学习，调整对“鸟”的认识，从而知道将不同种类的鸟都归为鸟类。监督学习则需要通过关于“鸟”的大数据反反复复地标注“鸟”，甚至需要标记数十万次。

3. 半监督学习

半监督学习是相对于监督学习和无监督学习而言的。监督学习由于

需要大量数据来构建模型，尽管取得了相当大的成功，但成本较高，而无监督学习虽然不需要大数据的标注，但在实际应用中具有一定的局限性。因此，半监督学习应运而生。

半监督学习在学习过程中，通常只需要少量的有标注的数据，然后在此基础上充分利用大量的无标注数据来改善算法性能，这让半监督学习能最大限度地发挥数据的价值，使机器学习的模型可以从大体量的数据中挖掘出隐藏在背后的规律。

4. 强化学习

强化学习属于半监督学习的一类典型算法。所谓强化学习，即在外部给出的数据较少时，系统则依靠自身的经历进行自我学习，并通过强化数据来获取知识，改进行动方案，从而适应环境。强化学习与监督学习不同的是，强化学习需要通过不断尝试来找到结果，而不是靠训练数据来告诉其应当怎样去做，但可以通过设置奖励函数来引导机器学习模型自主学习。这就相当于建立了一个奖励机制，使得强化学习在训练过程中不断自主尝试，错了就惩罚，对了就奖励。这样一来，比起必须每次告知它对错的监督学习，诱导自主学习的强化学习的确更为节约成本和更为智能。

五、机器学习分支——深度学习

深度学习目前是机器学习领域中一个新的研究方向，它被引入机器学习，使其更接近于最初的目标——人工智能。由于深度学习在机器学习中占据十分重要的地位，具有重要价值，因此常常将深度学习单独拿出来讨论，进而成为机器学习研究领域的一个分支，如图 3-14 所示。

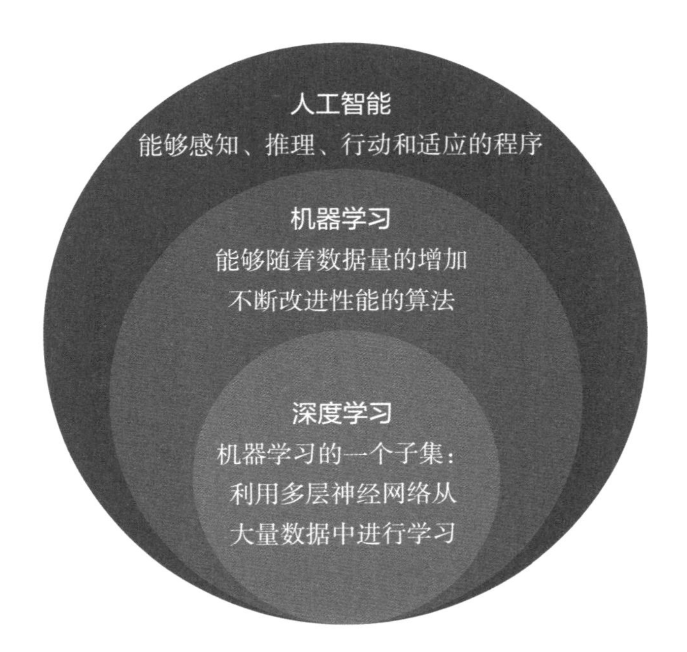

图 3-14　深度学习是机器学习的一个分支

最初的深度学习是利用人工神经网络的反向传播算法来解决特征层分布的一种学习过程。基于此，深度学习包括多层的人工神经网络以及训练这一人工神经网络的方法两方面内容。深度学习的运作机理是，一层神经网络会把大量矩阵数字作为输入，通过非线性激活方法取权重，再产生另一个数据集合作为输出。

目前，深度学习已经涉及 DNN（深度神经网络）、CNN（卷积神经网络）、RNN（循环神经网络）、LSTM（长短期记忆网络），它们成为现代机器学习较为常用的工具，最大限度地实现了现实应用，如语音识别、视觉识别、自然语言处理等。

关于机器学习的实例，具有代表性的是谷歌的 AlphaGo 和 Alpha Zero。阿尔法狗运用的是深度学习中的深度卷积神经网络，通过约 3 000 万组人类下棋数据的训练实现了对弈学习；阿尔法零则是运用强化学习的方式，通过自己和自己对弈的方式来建模，完成自主学习。其结果是，阿尔法狗打败了人类围棋顶尖高手，而阿尔法零打败了阿尔法狗。

不管是AlphaGo还是AlphaZero，不管是深度学习还是强化学习，机器学习技术无疑使机器向人工智能领域跨越一大步，因为通过这种“自主学习”，机器越来越智能。

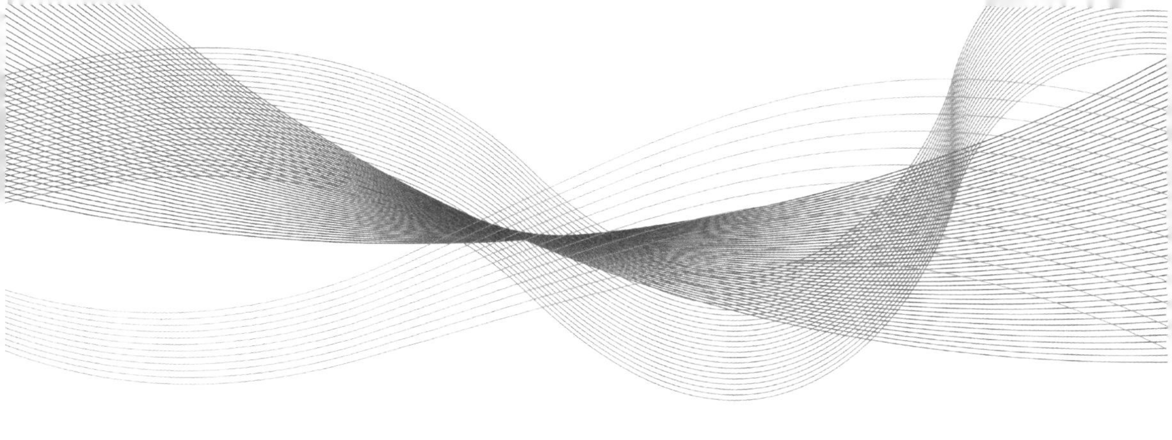

第四章 人工智能的表现

人工智能总会遇到一些复杂的问题，而这些问题往往是普通的求解算法难以解决的，这时就需要用到搜索技术。搜索技术是一种通用的问题求解技术，可以将待解决的问题转化为可搜索的问题空间，然后在该空间中搜索求解。

说起人工智能的表现，推理算是最具智能的那个。人工智能的推理是建立在知识数据库的基础上的，这种推理叫确定性推理。随着深度学习的应用，人工智能已经可以完成基于概率的不确定性推理了。这让人工智能不但解决了问题，还获取了新知识。

人工智能有一套适用于计算机的语言，人类利用这种语言进行人机交互。也许在不远的未来，人工智能还能通过AI语言实现与人的情感交流。

人类努力地消除人和机器的隔阂，教会它语言，试图让它与人类进行对话，无非让人工智能更具人情味。因为只有能与人类进行情感交流的人工智能才称得上是真正意义上的人工智能。

第一节　无所不能的搜索

自 2016 年 Google 的 AlphaGo 打败世界围棋冠军李世石后，人工智能被推上风口浪尖，成为最热门的话题、最热门的研究领域。紧接着，一系列人工智能产品涌现出来，如微软必应、小度机器人、百度度秘等。但有一点却是出奇的一致，即冲在浪潮前面的科技公司，几乎无一例外的都是搜索引擎公司，如 Google、百度等。

为何搜索引擎公司总能成为人工智能领域的先行者呢？难道只有这些搜索引擎公司才能看到人工智能这一“风口”？原因似乎有多种，如搜索引擎公司掌握着更为丰富的用户数据，依托大数据技术而拥有更为深厚的技术积累，以及丰富的渠道积累等，但最重要的原因还在于人工智能最初主要表现在无所不能的搜索技术上。

对于普罗大众来说，什么是人工智能？其实就是基于大数据的高速计算，通过对数据进行建模和分析，得出某特定场景下的特定决策。拥有这种技术的产品，就成为人工智能产品。这样的产品无论从人机交互模式，还是从其背后所依托的大数据积累来看，搜索技术都无疑是人工智能快速成长起来的最佳保障。

一、什么是搜索

人工智能领域所研究的最重要的问题或首先要探讨的问题就是搜索。传统计算机程序中的查找功能与搜索相类似，但搜索要复杂得多。传统程序一般解决的问题是结构良好的算法简单的问题，而人工智能所要解决的是结构不良的复杂问题。对于这样的问题，以普通的求解算法很难解决，只能通过搜索来解决。假设 A、B 两个网络，A 网中的某个计算机想要找到 B 网中的某个数据，这台计算机并不知晓目标数据的位置，只能盲目地寻找，这样盲目前进的过程就是搜索。如果该计算机之前访问过 B 网中的某台主机，那么寻找的路径必然会缩短，相反则可能花费很长的时间才能找到目标数据，如图 4-1 所示。

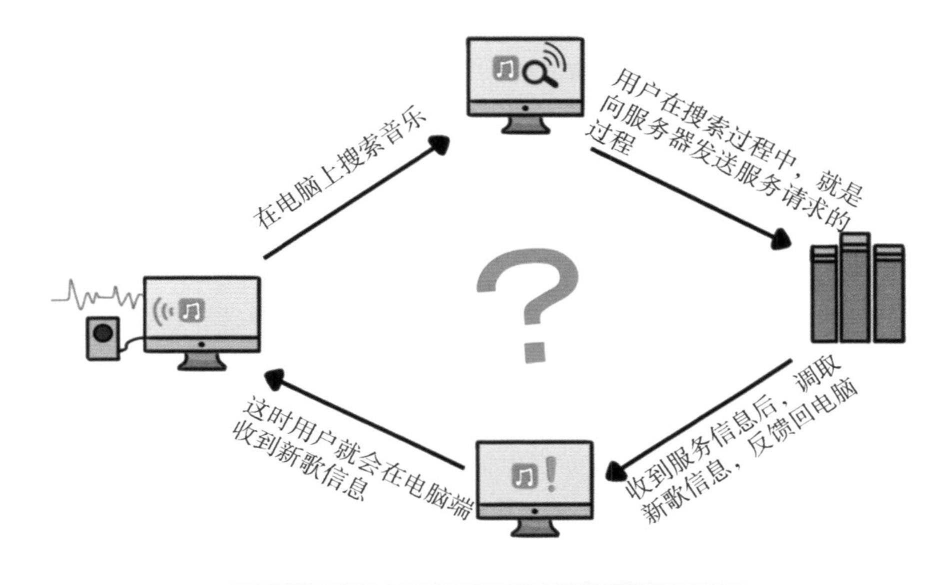

图 4-1　计算机搜索的过程

基于此，搜索可分为盲目搜索和启发式搜索。盲目搜索是在既定的控制策略下进行盲目寻找，效率不高，还会占用不少的网络宽带；启发式搜索则是在搜索过程中根据问题的特点，加入一些具有启发性的信息，如从上一级路由器中找到相应的路由表来确定下一步搜索路线，进而加速搜索进程。

二、博弈搜索

博弈搜索是多智能体参与的一种搜索方法。要想了解阿尔法狗究竟是如何赢过围棋高手李世石的，需要先了解博弈搜索。

围棋对弈一直被认为是人类的高智商游戏，而自人工智能领域诞生起，研究者就将让计算机学会下棋视作衡量人工智能的一个标准。“人工智能之父”麦卡锡在 20 世纪 50 年代就开始从事计算机下棋方面的研究，并提出一种特别针对下棋的算法“a-β 剪枝算法”。后来，人工智能领域在很长一段时间里都以该算法为核心来研究计算机下棋程序，IBM 公司研发的国际象棋程序“深蓝”正是以此算法为框架的。

IBM 公司作为计算机领域的领头军，一直就有研究计算机下棋程序的研发小组，该小组先后研发出西洋跳棋程序和国际象棋程序。深蓝于 1997 年打败了国际象棋世界冠军卡斯帕罗夫（Kasparov），这让人工智能发展跨越到一个新阶段。

“深蓝”所运用的 a-β 剪枝算法，就是当计算机在寻找目标数据的过程中碰到已经搜索过的内容，则对其进行剪枝，以此提高搜索效率，如图 4-2 所示。该算法操作步骤是先模拟双方下棋的状态，向前看几步，再对棋局进行打分，分数越高则代表对我方越有利，然后将分数上传。当搜索其他可能的走法时，可利用已有的分数剪掉对我方不利、对对方有利的走法，使我方分数最大化，从而按照最大分数选择路线。

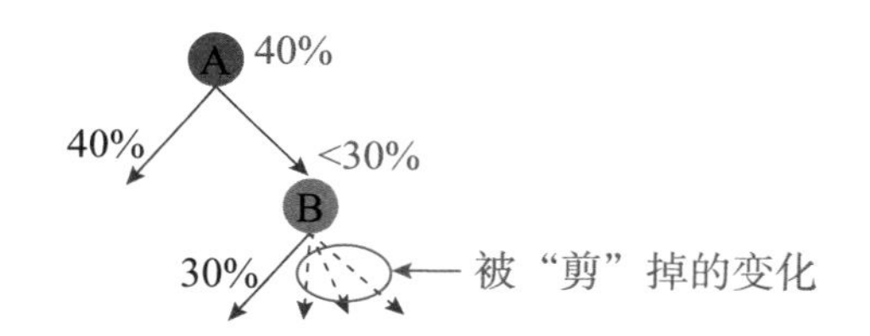

图 4-2 a-β 剪枝算法示意图

打分可以说是 a-β 剪枝算法的灵魂。以深蓝为例，其思路是按照棋子的重要程度划分分数，如“车”高一些，“马”次之；同时要兼顾棋子的位置，如中间位置的棋子所赋予的权重比周边棋子更大；还要考虑棋子之间的连带关系等。看似规则简单的打分制度，实际运算时要复杂得多，一旦搜索进入深度阶段，或者是进入残局，这样的打分还是十分准确的。

a-β 剪枝算法搜索到一定深度就会停止，尽管不能一搜到底，但对提高搜索效率已经有了非常大的帮助。计算机如果没有 a-β 剪枝算法的帮助，那么要想达到“深蓝”一样的世界级水准，每步棋都需要搜索 17 年的时间。继“深蓝”之后，计算机在中国象棋、日本将棋方面都采用 a-β 剪枝算法达到了人类顶级的水平。不幸的是，a-β 剪枝算法并不适用于围棋博弈。从以上可知，a-β 剪枝算法依赖的是对棋子的打分制度，不论是国际象棋还是中国象棋，都有一个共同特点，就是随着棋局的深入，棋子会越来越少，棋局也就越来越简单。这时，单纯靠棋子的多少就能判断胜负。围棋的情况就不同了，围棋棋子之间的联系十分紧密，不能单独计算。围棋棋局的复杂境况使得人们难以通过对棋子打分来判断胜负，这让 a-β 剪枝算法在围棋领域毫无用武之地，因此计算机围棋的下棋水平一直停滞不前。

计算机围棋的第一次突破发生在 2006 年，来自法国的一个计算机围棋研究团队，将信心上限决策方法引入计算机围棋中，结合蒙特卡洛树搜索方法，使得围棋程序性能有了质的提高，在 9 路围棋上战胜了人类职业棋手。从此之后，围棋程序基本以蒙特卡洛树搜索结合信心上限决策方法为主要的计算框架，并在此基础上不断改进和提高。2013 年，计算机围棋程序战胜了有着“人脑计算机”之称的日本棋手石田芳夫。

蒙特卡洛树搜索方法的核心是针对当前棋局随机地模拟双方走步，直到分出胜负。通过多次模拟，计算出下棋点的获胜概率，然后选取获胜概率最大的点走棋。所谓树搜索，就是在模拟的过程中建立一个搜索树，主枝节点可以共享分枝节点的模拟结果，进而提高搜索效率。这一搜索过程，类似于人脑下棋时的思索过程，搜索树越深，代表向前看的步数越多，对棋局的判断也就越准确，如图 4-3 所示。

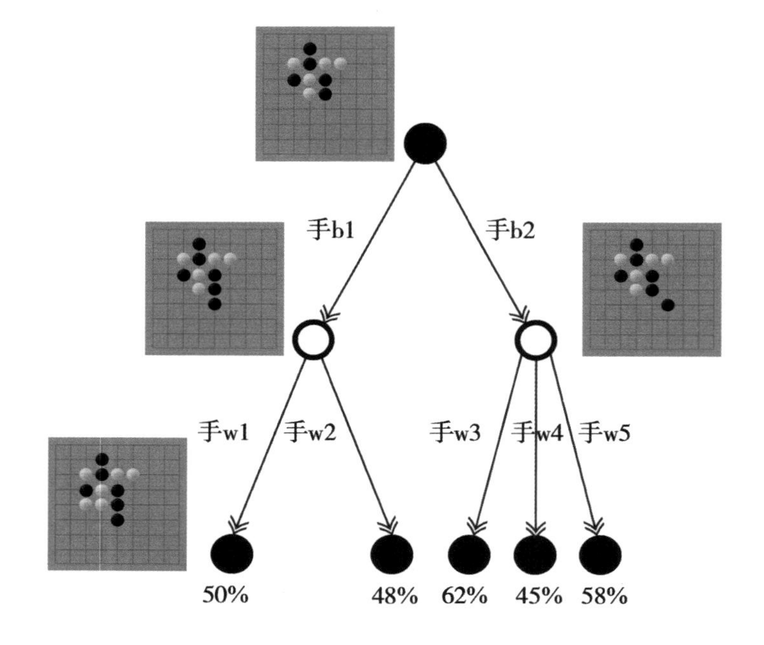

图 4-3 蒙特卡洛树搜索

信心上限决策方法则属于统计决策模型。在围棋棋局中，每个落子点都影响着棋局的命运，人在考虑的过程中，会将可能的走棋点划分出轻重缓急，对于重要的多考虑，对于次要的少考虑，信心上限决策方法正是基于此原理而来。由此可知，信心上限决策方法一直优先考虑的是胜率最大的节点和到目前为止模拟次数较少的节点，从而判断其潜在的胜算。

蒙特卡洛树搜索方法和信心上限决策方法的结合，使计算机围棋程序的水平提升到了人类业余五六段的水平，但也止步于此。因为它存在两个不可避免的不足：其一，信心上限决策方法选择的棋子范围是全盘可下的棋点，这让它的搜索效率较低；其二，它每次必然模拟到底的模式，使得其每次都要模拟出完整棋局，分出胜负，但实际上围棋可能存在的状态多种多样，这就极大地影响了计算机的搜索效率，阻碍了计算机围棋水平的提高。

三、遗传算法和蚁群算法

1. 遗传算法

真正让计算机搜索进入无所不能境界的是遗传算法和蚁群算法。20世纪60年代，人工智能研究初期，就有人认识到生物的自然进化和遗传现象与人工自适应系统极为相似，而遗传算法正是借鉴生物体自然选择和自然遗传机制的随机化搜索方法。

进化论认为，每一个物种都在自我的简化中，无一不在进行着自然选择，从而变得越来越适应环境。后代从父辈那里继承每个个体的基本特征的过程中，会自主选择那些能适应环境的，淘汰那些不适应环境的。遗传学则认为，遗传被封装在每个细胞中，并以基因的形式包含在染色体中，而每个基因都有自己独特的位置并具有某种特殊的属性。随着基因的杂交和突变，那些适应环境的遗传物质被保留下来，生成对环境适应性更强的后代。遗传算法就是模仿生物的这一进化原理，引用随机统计原理而形成的计算方法。在计算过程中，遗传算法从一个初始变量群体开始，随机地产生一些个体，根据预定目标函数对其逐个评估，从而给出一个适应度值。在适应度值的基础上，选择复制下一代，从而一代代地寻找问题的最优解，直到满足预先假定的迭代次数为止。目前，遗传算法已被广泛应用在生产调度、自动控制、图像处理、人工生命、遗传编码和机器学习等方面。

2. 蚁群算法

蚁群算法，顾名思义，是一种源于大自然生物世界的新的仿生类进化算法。它借鉴的是蚂蚁的行为特征，通过其内在的搜索机制来求解问题。蚂蚁在昆虫界是一种社会性生物，它们虽然种类有很多，却拥有一个共同特征，就是始终保持着群居生活，每一种群都有着严格的社会结构，每一个社会结构中，每个蚂蚁都有着明确的分工。这使得个体结构和行为都异常简单的蚂蚁，组合起来却成为一个拥有高度复杂结构、能完成超难任务的群体。蚂蚁个体之间除了分工协作，还存在着一种异乎寻常的信息传递机制——信息素，这是整个蚁群能高效运转的保障。蚂蚁在外出寻找食物时，会在其走过的路径上释放出一种蚂蚁所特有的分泌物——信息素，而这些信息素可以在一定范围内被其他蚂蚁识别到，从而选择该路径。随着走这条路的蚂蚁越来越多，路径上的信息素量也就越来越大，而信息素量大的路径往往吸引更多的蚂蚁选择该路径。通过这种反馈机制，蚂蚁最终可以发现最短路径，如图 4-4 所示。

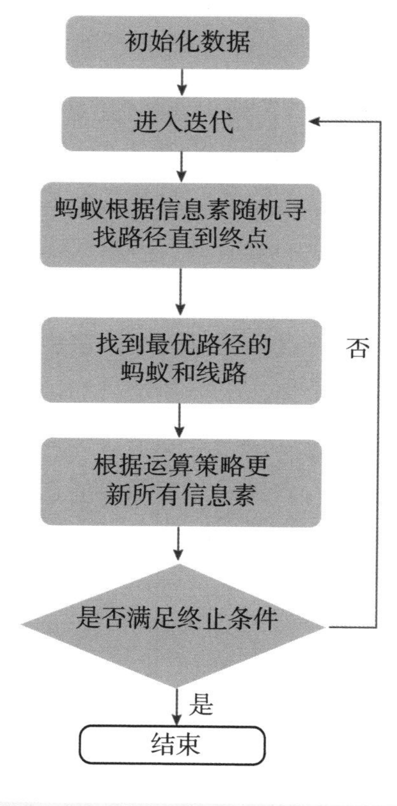

图 4-4　蚁群算法示意图

意大利学者于 1992 年在蚁群这种信息共享机制的启发下首次提出了蚁群算法，从而引起了大家的关注。蚁群算法目前成为应用率最高的搜索技术，在实际应用中，能高效解决工件排序问题、图片着色问题、车辆调度问题、大规模集成电路设计、通信网络中的负载平衡问题等。

第二节　缜密无隙的推理

推理是人类求解问题的主要思维方法，即按照某种策略从已有事实和知识推出结论的过程。计算机所进行的推理，是由程序实现的，因此又叫推理机或自动推理。

计算机的推理是基于知识数据库的，即在知识储备充足的前提下，计算机才能完成简单推理，如“规则演绎”推理。目前，随着深度学习的应用，计算机已经可以完成基于概率的不确定性推理，如“主观贝叶斯”方法。这让计算机可以在旧知识的基础上解决问题，还可以自主获取新知识。

一、推理分类

人工智能的自动推理，按照判断推出的途径可划分为演绎推理和归纳推理两部分。

1.演绎推理

演绎推理的形式有很多，最常用的就是三段论式。三段论包含以下三个方面。

大前提：已知的一般性知识或假设。

小前提：附属于大前提下的关于研究的具体情况或个别事实的判断。

结论：由大前提推出的适合于小前提所示情况的新判断。

在三段论中，如果大前提和小前提是正确的，那么由它们推导出来的结论也必然是正确的，且这一结论是蕴含在大前提的一般性知识中的。举例说明：

所有的偶蹄目动物都是脊椎动物。

河马是偶蹄目动物。

所以河马是脊椎动物。

在上述例子中，由于大前提和小前提是正确的，所以推导出来的结论也是正确的，河马确实属于脊椎动物的一种。针对以上案例，我们可以保持小前提不变，调整下大前提的知识方向，再看结论是否正确。

所有的偶蹄目动物都不是昆虫。

河马是偶蹄目动物。

所以河马不是昆虫。

事实证明，河马肯定不是昆虫，且这一结论依然在大前提所论述的一般性知识中。

2. 归纳推理

所谓归纳推理，是指从个别事例中归纳出一般性结论。这是一个从个别到一般的推理过程。举例说明：

在一个平面内，锐角三角形的内角和是 180 度，钝角三角形的内角和是 180 度，直角三角形的内角和是 180 度。

锐角三角形、钝角三角形和直角三角形涵盖了全部的三角形。

所以，平面内一切三角形的内角和都是 180 度。

可以看出，这个推理的结论“平面内一切三角形的内角和都是 180 度”是基于几个案例得出的。

归纳推理主要包括完全归纳推理和不完全归纳推理。完全归纳推理是将某类事物的所有对象作为例子，而不完全归纳推理仅仅就某类事物的部分对象进行举例。归纳推理的前提是其结论的必要条件，但归纳推理的前提即便是真实的，其结论也未必是真实的。比如，“守株待兔”的荒谬性就在于，农夫根据某天有一只兔子撞到树上死了而推出每天都会有兔子撞到树上死掉这一结论。这一结论显然是假的，或者说缺少一个兔子必然撞树的条件来支持。

二、计算机的推理逻辑

在知识表示系统中，计算机可以在已有的知识前提下进行简单的推理，即推理机。的确，简单理解，推理其实就是规则＋依据已有规则生成新的规则，而在人工智能领域里，规则是计算机的基本能力，因此让计算机做到由规则产生新的规则并不难。但计算机所能执行的规则只能是简单规则，一旦规则太多，或太过复杂，就会造成组合爆炸，推理就成了一件很难完成的事情。且还有一个问题，计算机的初始规则是从哪里来的？知识库。知识库是从哪里来的？人类赋予的。所以，目前人工智能的初始规则是人类产生的。这就使得计算机无法做严谨的推理，而主要原因是初始规则不够，如图 4-5 所示。

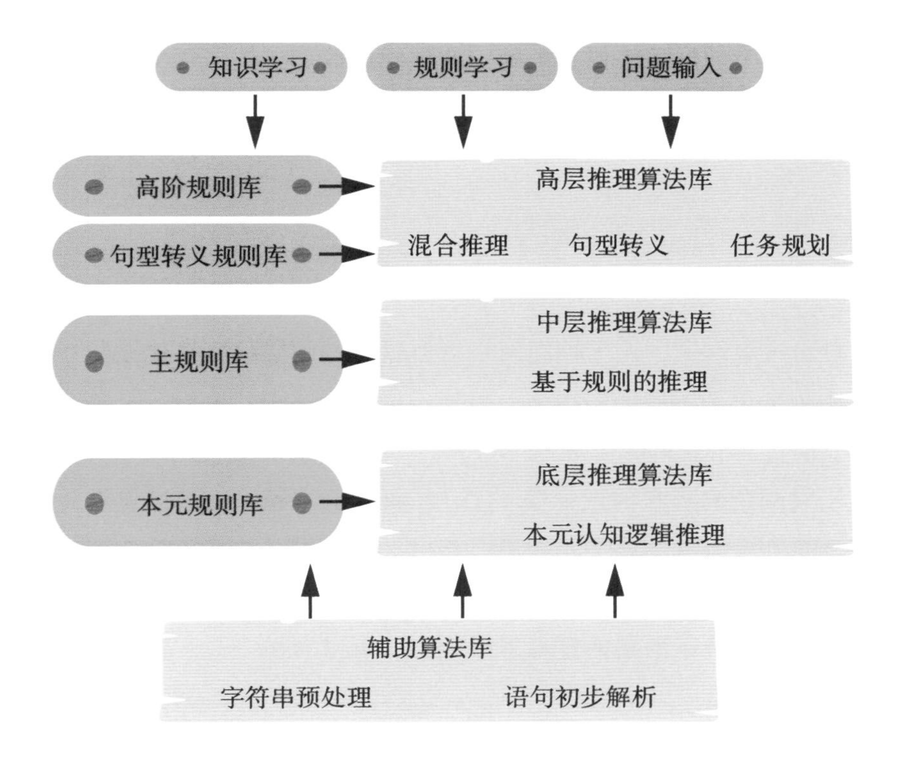

图 4-5 推理算法示意图

如果试图通过多举事例来完成归纳推理，还不足以证明计算机的推理能力，因为只有演绎才是严谨的推理。至于更为复杂的关系推理，比如，你考虑购买的新房，附近有多少个公园，有多少个公共交通站点；当你考虑去吃一家餐馆时，你的点餐逻辑是什么，什么菜品搭配什么酒才能给你带来最愉悦的用餐体验。这种建立在关系思维上的高级推理对于人工智能来说是有一定难度的，但对于人类来说却是简单的。

以往的人工智能是以统计和符号来模拟类似能力的，但它的速度却十分缓慢，人工智能曾在机器学习方面取得十足进展，但机器学习更擅长的是模式识别，并不擅长逻辑分析。符号人工智能尽管已经适应了既定规则的推理，却并不擅长学习。而最新研究的人工神经网络大大弥补了人工智能在推理上的不足。

神经网络的推理类似于大脑中的神经连接，将特别微小而繁多的程序连接起来，通过协作在数据中寻找模式。通过这样的一个连接，可以让网络明确地找到事物之间所存在的关系，从而建立关系推理。举例说明：

红色物体前的物体，其形状与蓝色物体左边的黄色物体形状一样吗？

对于这个问题，人工神经网络则可以通过两层网络来建立联系，一层网络用来识别图像中的物体，另外一层网络用来解释问题。对于该问题，一般机器的正确率为42%到77%，人类的正确率能达到92%（主要失败于对颜色和形状的视觉偏差上），而人工神经网络通过建立关系能达到96%的正确率，从数值上看，这已经超越了人类的推理。

如果说以上关系推理所利用到的仅仅是图像识别和问题处理，尚不足以证明人工神经网络的逻辑思维能力，可以列举一个逻辑严谨的三段论式的推理问题：

彩灯是一只天鹅。

彩灯是白色的。

灰灰是一只天鹅。

那么，灰灰是什么颜色的？

人类很容易对此做出回答，即灰灰是白色的。人工神经网络也可以得出答案，且正确率在 98% 以上，一般机器则在 45%，这说明人工神经网络的推理在某种程度上已经可以与人类相媲美。

目前，人工智能已经成功应用在汽车自动驾驶、分析监控录像等方面。当然，为了获得像人一样的灵活性，甚至超越人类的思维，人工智能还需要学会分析更多具有挑战性的问题。

第三节 包罗万象的 AI 语言

什么是 AI 语言？通俗说，就是适用于人工智能领域的语言，这类语言架构于人类和计算机之间，能进行知识处理，具有逻辑推理能力，是一种可进行计算机程序编写设计的语言。

一、AI 语言的特点

一般来说，具备以下特点的语言才能称为 AI 语言：始于结构化的程序设计，容易编写程序；具有符号处理能力，也就是非数值处理能力；具有减少程序代码量的递归和回溯功能；可以将过程与说明式数据结构混合，同时具有模式匹配机制；可以进行人机交互；可以进行逻辑推理。

二、AI 语言≠传统的计算机语言

目前，常见的人工智能语言有 LISP、Prolog、Smalltalk、C++ 等。那么，人工智能语言是否等于传统的计算机语言呢？当处理一些简单问题时，人工智能语言和传统的计算机语言并不存在什么区别，但在解决复杂问题时，人工智能语言与传统的计算机语言则会产生较大区别。

传统的计算机语言通常体现在固定的程序中，通过各种模型来表达问题，这个问题的求解过程是在程序制导下以预先安排的步骤逐条执行的。其解决问题的思路与冯·诺依曼的计算机结构相吻合，当前大型数据库法、数学模型法、统计方法等都是严格结构化的方法。

在计算机发展的过程中，往往把机器语言称为第一代计算机语言，第二代语言是汇编语言，ALGOL、COBOL、FORTRAN 等伴随集成电路计算机成为第三代语言。20 世纪 70 年代末，计算机应用得到普及，随之产生标志着信息时代开始，工业时代结束的第四代计算机语言。现在，计算机语言仍然是计算机科学和计算机软件中的活跃分支，按研究方法可分为以下几类：需求、设计、实现语言；函数、逻辑和关系语言；分布式、并行和实时语言；面向对象的语言，硬件描述语言；数据库语言；视觉图形语言；协议语言，原型语言，自然语言等。

由于人工智能要解决的问题无法将全部知识都体现在固定程序中，因此需要建立起一个知识库，这个知识库要包含事实和推理规则，程序根据环境和所给的输入信息以及所要解决的问题来决定自己的每一步行动。

三、AI 语言的发展历程

AI 语言从人工智能研究的初期就得到了广泛的关注，因为要计算机像人一样拥有智能，首先就要解决语言问题。几十年来，人工智能领域的科学家开发出 100 多种 AI 语言，但大部分都只是短暂地出现，很快便被淘汰了。

其发展历程主要内容如下。

1. 计算机科学家对可计算性理论的研究

这类研究以 LISP 语言最具代表性。LISP 正是为处理人工智能中大量的符号编程问题而设计的，它的理论基础是符号集上的递归函数论。事实证明，用 LISP 能够编出符号集上的任何可计算函数。

除 LISP 语言外，Prolog 语言也是计算机科学家研究生产出的，是为解决人工智能中的自然语言理解问题和逻辑推理问题而设计的，其计算能力与 LISP 语言相当。

与 Prolog 语言相同，OPS5 语言也是为解决人工智能中的逻辑推理问题而设计的，不同的是，OPS5 语言更倾向于向前推理，Prolog 语言则倾向于向后推理，其计算能力等价于 LISP。

2. 认知科学家的研究成果

认知科学家对人工智能语言的发展做出了卓越贡献，他们在自然语言理解中的语法、句法及语义分析方面提出一系列较为系统的理论方法。有了这些方法，才能研究出各种各样的认知模型，并为这些模型设计相应的知识表示语言。

（1）转换生成语法（transformational generative grammar）。1957 年，美国的乔姆斯基（Chomsky）创建转换生成语法，即用数字方法定义的人工语言来进行语言学问题的研究。在这个方法中，句子的结构被分为深层和表层两个层次，深层结构相同的句子，尽管其表层结构不同，却能表达出相同意义的句子。利用该原理，可以将上下文中无关语法生成句子的深层结构转换为表层结构。转换方法由于抛开了语义、语用和语境方面的知识，因此很难将自然语言完全准确地描述出来。

（2）依存语法（dependency grammar）。1959 年，法国语言学家特斯尼耶尔（Tesniere）认为词与词之间存在着一种依存关系，进而提出依存语法。这种关系原则上将一个上项词与一个下项词联系起来，上项叫支配词，下项叫从属词。一个词可以同时是某个上项的从属词和另一个下项的支配词，这样句子里的所有词便构成一个“分层次体系”。动词是句子的中心，支配句中的其他成分。但这也仅限于结构简单的句型，一旦句子里面的依存关系数目太多，语言分析和处理就会变得十分繁杂，大大降低其可操作性。

（3）语义网络（semantie network）。1968 年，美国奎廉（Quilian）

提出用语义网络或联想网络来进行知识表达。在这个网络中，每个知识概念都可以看作一个节点，概念间的关系则用节点间的连接弧表示。这事实上已经是对人工功能的模仿了。

（4）扩展转换网络（augmented transitional network）。扩展转换网络实际上是在乔姆斯基所创建的转换生成语法基础上生成的，这是一种语法描述工具。1972 年，美国伍兹（Woods）利用扩展转换网络建成 LUNAR 模型，该模型过于注重目标语法，而忽视了自然语言对话中某些常见的复杂问题。

（5）格语法（case grammar）。1973 年，美国西蒙在伍兹提出的扩展转换网络基础上，采用菲尔摩（Fillmore）的格语法建立了语义网络理论。所谓格语法，是将自然语言理解中的语法和语义分析相结合，从而描述语法规律。语义网络表示描述了知识分层分类结构下的概念关系，主要推理形式是概念间属性的继承。这种方法既能体现客观知识，又不忽略人类常识，但由于缺乏理论基础而没有得到广泛应用。

（6）概念依存理论（conceptual dependency theory）。1972 年，美国杉克（Sehank）提出了概念依存理论，并建立了 MARGI 系统，在此基础上又于 1977 年建立了 SAM 系统。杉克认为句子的句法分析对于语言理解的帮助不大，因为人类在理解语句时主要依靠的是生活知识，语法只是起到指引的作用而无法提供信息来理解语义。

概念依存理论的重心在概念，它认为任何两段话，只要意思相同，无论是否属于同一种语言，都具有同一个概念。概念的内容由概念本身及其相互之间的从属关系构成。这就决定了用概念依存理论来理解自然语言时，需要使用庞大的语义知识。

（7）境况语义学（situation semantics）。1983 年，美国的巴杯士（Barwise）和佩里（Perry）建立起境况语义学，他们认为该理论可以解决人工智能语言在语义学上的困境，尤其是如何处理态度动词等问题。境况理论认为，语言表达式是在阐述两个境况之间的关系，即话语发生时的境况，以及该话语所描述的境况。语言之所以具有交流信息的功能，是因为它的约定俗成性，即对语言使用规则的约束要为整个社会所遵从。境况理论的任务就是从人类客观世界存在的大量真实境况中，抽象描述出所有境况的内部结构，探讨境况之间的约束关系，揭示出语言表达式的含义，从而为自然语言理解提供一个具有计算功能的数学模型。

（8）语料库语言学（corpus linguistics）。近年来，国际上掀起了语料库语言学的研究热潮。语料库语言学本身是一个独立的学科，有它独到的理论体系和操作方法。语料库语言学立足于大量的真实的语言数据，其所得到的结论对语言理论建设具有重要意义。

语料库语言学研究机器可读的自然语言文本的采集、存储、检索、统计、语法标注、句法、语义分析以及具有上述功能的语料库在语言定量分析、词（字）典编撰、作品风格分析、自然语言理解和机器翻译等领域的应用，如图 4-6 所示。

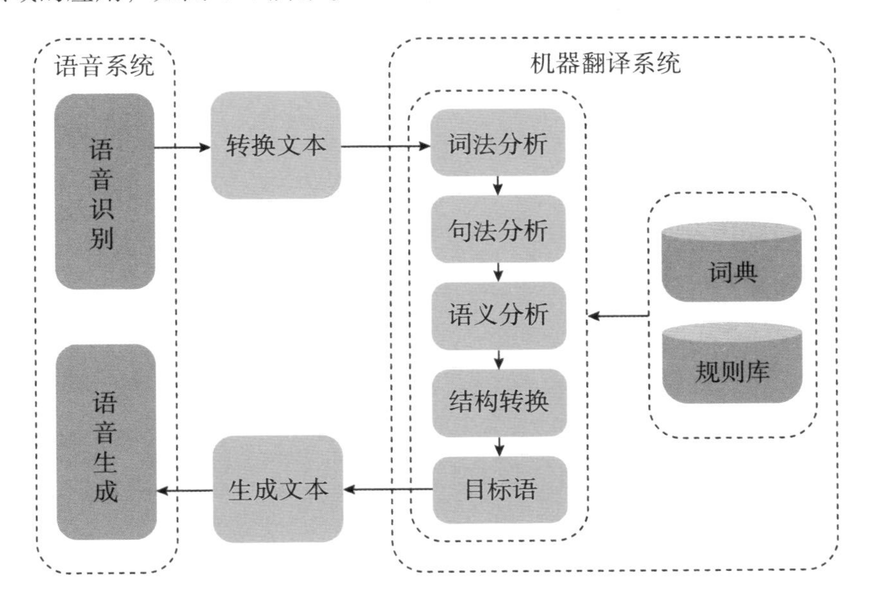

图 4-6　机器翻译示意图

3. 知识工程的实际需要

近年来出现了针对人工智能领域、专门面向对象的程序设计，使它能根据环境的变化进行推理并规划自己的行为。经典的有面向对象程序设计的语言 Smalltalk 以及面向主体程序设计的语言等。

针对各行业领域的专家系统也开发出各种包含多种不同推理机制的人工智能语言，如 Loops 和 TUILI。更有些语言是从某个成功的专家系统中去掉领域知识，只留下表示方法而成为一种语言的，俗称专家系统外壳。著名的如由医学专家系统 MYSIN 演变而来的语言外壳 Emycin。

四、LISP 和 Prolog

在过去几十年的发展过程中，人类研究出 100 多种人工智能语言，其中只有 LISP 和 Prolog 成为人工智能研究和应用中占重要地位的两种人工智能程序设计语言。美国人工智能界的权威学者、麻省理工学院教授温斯顿（Winstone）认为 LISP 语言相当于人工智能的数学，它是人工智能理论研究的重要工具，对人工智能的实现有着重要意义。

如果说 LISP 是人工智能的汇编语言，那么作为后起之秀的 Prolog 则经过重重发展成为人工智能领域更为高级的语言。Prolog 是一种典型的逻辑程序设计语言，最初由逻辑 + 数据结构构成程序，之后在逻辑程序设计的思想提出后，演变为逻辑和控制构成算法这样一种理念，Prolog 语言首先突破了算法式的程序设计语言，而成为一种逻辑 + 控制的语言。也就是说，Prolog 不需要告诉计算机怎样去做，而是采用陈述的方式，使用演绎推理的方法去自动求解，即仅仅告诉计算机去做什么，它便会进入系统自动求解。

第四节　丰富个性的情绪表达

当人类在人工智能领域不遗余力地完善和提高它的计算性能的同时，也没有忽略让人工智能变得更为人性化。人类努力地消除人和机器的隔阂，教会它语言，试图让它与人类进行对话，无非就是要让人工智能更具人情味，能满足人类的情感和心理需求。因为只有能与人类进行情感交流的人工智能才称得上是真正意义上的人工智能。

与机器进行情感交流，这并非天方夜谭，其是人工智能领域目前所面临的最严峻的考验。人工智能的情绪问题可理解为能够理解对方的情绪并表达自己的情绪，归结为情绪识别和情绪表达两方面。这里的“对方”仅限于人类，还未出现人工智能理解动物情绪的研究。

一、人工智能的情绪识别

所谓人工智能的情绪识别，是指穷尽人类的方法和技术，让机器具有类似人类的情感，使它能够理解、识别对方的情绪，并能做出反馈，进行情绪表达。有些人认为，人工智能的情绪识别，必须建立在语音识别技术、图形识别技术基础之上。只有这样，人工智能才能依托大数据，精准地捕捉到微表情，从而对对方的情绪做出判断。

判断对方的基本情绪，如喜怒哀乐等，对于三岁的人类小孩来说是十分容易做到的事，其方法无非就是通过看脸部五官的变化和听声音高低、语速的变化，而人工智能想要理解人类情绪，也可以从此方面入手。人类所有的情绪变化都体现在面部表情上，人工智能只要能捕捉到这种表情的变化，便能通过精确识别这些信息来判断人的情绪。

有人说，对于那些刻意隐藏情绪的人来说，人类尚且不能辨别其面部表情，机器真的能做到吗？这就涉及人工智能当中的图像识别和自然语言理解方面的技术和研究了。其实，人即使故意控制面部表情和声音不发生变化，或特意展现出与内心相反的表情和声音，也会露出一些破绽，只不过这种破绽极其微小，甚至是稍纵即逝的，人类很难察觉。然而，察觉这些小动作对于人工智能技术来说却是轻而易举的事。比如，人工智能中高速摄像机和高性能的处理器就能完成这项工作，如此说来，人工智能在识别和理解人类情绪方面比人类更优秀。

卡内基梅隆大学的机器人研究所发明了一款可以深度识别面部表情的软件 Intra–Face，该软件甚至可以帮助医生筛查抑郁症。该软件的原理建立在机器学习上，通过机器学习，Intra–Face 总结出一种适用于大多数面孔识别的方式来对面部表情的变化做一个追踪。然后，对追踪的面部表情进行个性化算法分析，从而对该表情做出一个基本的情绪判断。后来发现，利用该软件进行情感识别不但准确，而且十分高效，该软件下一步将运用在智能手机上。

无独有偶，人工智能公司推出的 Emotient 软件也能对人类的基础表情做出分析和判断，如喜悦、愤怒、悲伤、惊讶等，同时对于一些细微和复杂的表情（如焦虑或沮丧）也能进行分析和判断。目前，Emotient 表情识别软件已被苹果公司收购。

人工智能在情绪识别上的技术目前已经成功应用在医疗业、服务业，有的在刑侦领域也发挥了不小的作用。IBM 公司首先开发了能感知人类情绪的在线客服系统，其实就是在原有的客服系统代码中加入了“情感识别”的新代码，机器人在提供服务时就可以准确判断用户的情绪，从而为用户提供更具情感的反馈，如这套系统可以通过网络和数据库学习文字、语法和表情，然后同类对象的数据，如用户的打字速度、语速等加以分析，从而判断出用户的情绪。

此外，微软也推出了一款可以根据图片识别情绪的软件，即通过扫描图片人物面部就可以分析出他的情绪特征，不过这款软件是以娱乐功能为主的，并不能精准识别情绪。当遇到一些看似愤怒实则搞怪的表情时，它便不能做出正确的判断。

人类的情感表达是极为复杂的，只针对面部五官变化进行表情分析是远远不够的，还应当结合声音和其他肢体语言来进行综合判断，有时甚至需要结合具体情境去分析，这些都是人工智能在未来需要解决的重要问题。

二、人工智能的情绪表达

人工智能的情绪主要包括识别情绪和表达情绪两方面，识别的是别人的情绪，表达的是自己的情绪。人工智能有必要做到表达情绪吗？或者说为什么一定要让机器学会情绪表达呢？很多人会有这样的疑问，事实上，让人工智能学会情绪表达是大有裨益的，其中最大的好处就是能给人带来心理上的愉悦体验。

新加坡南洋理工大学就研发了一个社交机器人，它不但能与人交流，还能借助一些设备做出一些肢体动作，如竖起大拇指、与人握手等。这样的机器人完善以后就可以投入市场，给那些没人陪伴的孤独者带去安慰和欢乐，如图 4-7 所示。

图 4-7　来自机器人的温柔以待

目前，许多人工智能都能做出一些面部表情，这主要通过控制机对机器人的嘴唇、脸颊、眼睛、额头发出指令来实现，但由于机电设计及控制技术的限制，机器人的面部表情还不够自然，或者只能做单一的表情，如微笑，且不同表情之间的过渡也显得十分生硬。而这些面部表情大多是依据埃曼克（Ekman）和弗里泽（Friseser）的脸部表情编码系统FACS来做出的。FACS先总结出人类面部近50个不同的运动单元，而后用不同的运动单元组合来表征各种面部表情。西安超人雕塑研究院研究的高仿真机器人，外观与真人十分接近，几乎做到了以假乱真的地步，但其面部只能做眨眼等动作。哈尔滨工业大学的仿人机器人就能较好地识别人类的面部表情，并做出情感反馈，如微笑、悲伤、高兴、吃惊、害怕、生气等。

其实，让人工智能拥有表情并不算难，让它们在恰当的时候做出恰当的表情才是人工智能情绪表达的重点和难点。

一般来说，让人工智能做出恰当的表情，首先要让它对当前的情景做出正确的判断，而后要让它理解人类用户当前的表现，最后根据人类的表现做出恰当的表情。与单纯地让它做出表情相比，解决这些问题似乎更加复杂和困难，因为拥有表情和判断情景并做出恰当的表情根本是两个境界。

如果只把研究专注于人机情感交互上是不妥当的，因为表情总是与场景、用户表现、表情反馈紧密相连的，是不可能固定一种场景、一种用户表现、一种表情反馈的，且这也并非是智能的。毕竟，对于有表情能力的机器人来说，不能在恰当的时候做出恰当的情绪反馈，那么它根本就不算拥有智能。

那么，让机器人学会情绪表达真的是天方夜谭吗？

要想解决这个问题，需要先了解人类究竟是怎样进行情绪表达的。什么是情绪？情绪其实来自人类内心与外部环境的交互，可以理解为人类的情绪是大脑对外界环境做出的反馈，如生气或开心、烦躁或平静、不满或满足、郁闷或高兴、怀疑或信任等。大脑得到反馈后率先发出指令，进而影响人的面部表情、声音高低和语速，甚至是肢体语言和五脏六腑。全身的反馈也会影响大脑做出判断，这就造成有的人在惊慌失措下会做出超乎寻常的判断和分析，从而解决问题，而有的人会忙中出错。当然，这些不同的反馈与人的先天因素和后天经历有关，所以面对同样的情景，不同的人会产生不同的情绪。了解了情绪产生的机制，让人工智能做出情绪表达似乎就不是那么困难的事了。

美国麻省理工学院计算机科学和人工智能实验室联合医学工程和科学研究所开发出一种结合可穿戴技术的人工智能系统，将它佩戴在人体上，便能够通过监测人体生命体征的变化和言语方式的变化来判断一场谈话是愉悦的还是愤怒的，抑或是平淡的，如图 4–8 所示。当然，仅仅到这种程度仍然是不够智能的，下一步研究是在这种可穿戴技术的基础上，如 Apple Watch，提高基础网络算法，尤其是提高算法的情感粒度，从而让情绪分析更加精确。这项技术利用的是人类情感脉冲，最终能动态地增强人机之间的情感交流。

图 4–8　具有情绪识别功能的智能手表

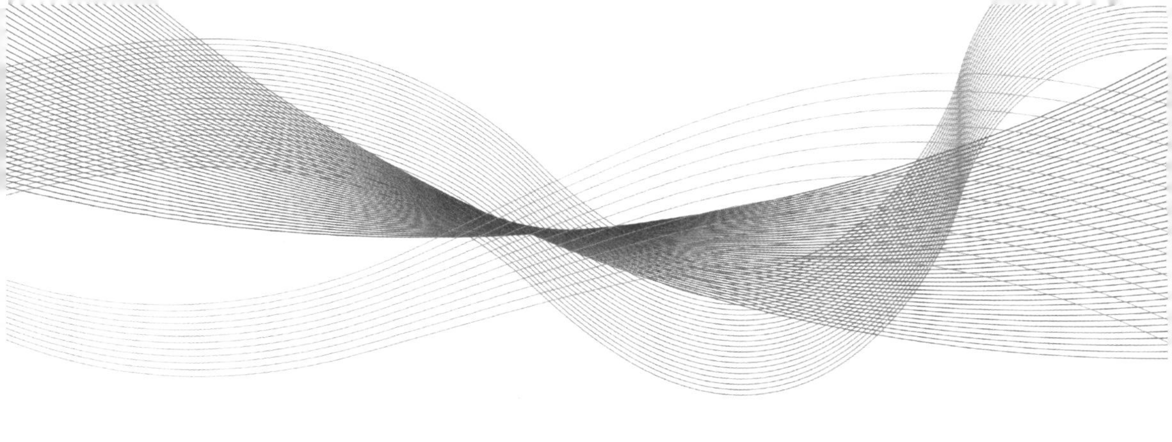

第五章 智能计算机的类人智能行为

2022 年 2 月 20 日，北京冬奥会落下帷幕，人们对这届冬奥会的印象，不仅仅停留在冰墩墩上，它所展示出来的这场智能科技的盛宴更是令世界震惊。如智能移动方舱成为国内首个移动式人工智能诊疗平台，自 CT 影像导入到生成诊断报告，人工智能诊疗平台只需 30 秒，确保了黄金抢救时间。再如，主媒体中心忙前忙后的各类消毒机器人、巡检机器人、智能垃圾桶等，它们成为冬奥会较为亮眼的一道风景线。

AI 数字人“冬冬”，以及让人类大脑瞬间“穿越”的全息影像技术，还有保证选手睡眠质量的智能睡眠舱等，都让这届冬奥会成为一场无与伦比的科技奥运会。

令这些世界级运动翘楚惊讶的还有无人餐厅中智能机器人的使用。餐厅内大部分料理都由智能机器人制作完成，并通过透明玻璃轨道“空运”到客人面前，让人类切实体会到了来自智能机器人的贴心服务，如图 5-1 所示。

图 5-1　北京 2022 冬奥会智能餐厅

事实上，这并不是第一起将机器人引入餐厅的案例。2016 年，新加坡靠近东海岸的一家海鲜餐馆就进入了机器人服务时代。老板购进了五名机器人，两名负责上菜，三名站在门口跳舞，招揽顾客。憨态可掬的机器人很快吸引来大批顾客。就这家餐厅来说，生命周期长达五年的机器人成本只有人力劳动者一年薪酬的一半。相比人力劳动者来说，机器人不会因为个人私事请假，不会在情绪失控时与管理者发生争执。机器人所带来的无与伦比的消费体验，也会为餐厅稳定一大批忠实客源。如此来说，智能机器人果然能取代人类智能行为了吗？

也许事情并没有那么乐观。目前的智能机器人所能做的工作或行为，都是按照既定程序进行的，其对于外部环境的认知是缺乏主观定义的。当这些机器人遇到突发情况时，并不能像人类一样去处理，如面对醉汉的骚扰，它们不会主动避让，因为它无法判断出眼前的顾客是非清醒状态下的。人类服务员在遇到相似的情形时，会对醉酒者进行安抚，或者避开，以免发生不必要的冲突。这就导致在机器人服务的一年时间里，虽然节省了一大笔人力开支，却撞倒了数名小孩和孕妇，汤汁洒在了几十位绅士的西装上，打碎了数不尽的盘子等。这些损失是让大部分餐厅不敢使用机器人的主要原因。

就目前人类最前沿的智能技术而言，机器人能感知到外部信息，并非由于它真正具备了听觉、视觉、触觉、嗅觉等感知能力，而是人类科学家利用传感器的工作原理将目标机器人所处的环境以信息符号的方式传给了该机器人的核心处理器。在这个处理器中，设计者拟定了一套衡量外界因素的网络模型，当外界信号进入该模型时，便会生成相应的指令，命令机器人做出相应的行为。

看上去彬彬有礼的机器人，最终只是按照人类设定的程序做出动作。也就是说，工程师会给一个机器人安装若干个情景处理模型，一旦遇到类似事件时，机器人就会对照资料库当中的样本模型进行套用推理，因此能把工作处理得很好（图 5-2），但如果它的固有模型中没有归纳当前的突发事件，那么它只能束手无策。

图 5-2 搬运盒子的机器人

其实，人工智能目前在“认知”方面遇到的困难似乎让 AI 与人类智能行为又远了一些，但也不必太过气馁。就人工智能研究领域所走过的路径而言，制造出具有主观化感知力的人工智能，一直是我们的终极目标，且这也是符合人类市场需求的。

第一节　用行为科学来理解 AI 代理行为

如何让人工智能做到像人类一样的智能行为？这是普通人最想知道的问题，也是人工智能界未来所要探讨和解决的最为关键的问题。如果用人工智能界专用术语来说，这个问题被称为“理解 AI 代理或程序的‘行为方式’”。

某些方法包含对 AI 程序行为的洞察，对于这些方法，我们称其是具备可解释性的。到现在为止，大多数可解释性技术都集中于探索深度神经网络的内部结构。最近，麻省理工学院（MIT）的一组 AI 研究人员正在探索一种较为激进的方法，试图用我们研究人类或动物行为的方法来解释人工智能，观察它们的行为。这有望成为未来几年人工智能最热门的研究。

理解 AI 的代理行为，之前较多地依赖于观察，而不是依靠工程知识，这就像我们在自然环境中观察动物的行为，从而对其进行判断总结一样。这些通过观察得出的结论大多与我们所学过的生物学知识并无关系，而是与我们对社会互动的理解有关。

就像生物学博士才能理解动物的行为一样，在人工智能研究领域中，研究具体化的 AI 代理行为的只有那些自己创建这些代理和程序的科学家。然而，理解 AI 代理不仅需要解释科学而专业的算法，还需要分析代理与周围环境之间的交互，如图 5-3 所示。

机器行为是利用行为科学来理解 AI 代理行为的研究领域，就像上面所提到的，研究机器行为的科学家一般是创造了这些机器的计算机科学家、机器人专家和工程师等。虽然这群人是人工智能领域的佼佼者，却对人类行为主义缺乏学习和研究，或很少接受基于统计、观察、实验等方面的专业指导，更没有对神经科学、集体行为以及社会理论有过专门的研究。虽然行为科学家了解这些学科，但他们缺乏了解人工智能领域有关 AI 的特定算法或技术效率的专业知识，所以也无法对人工智能行为做到全面理解。

随着 AI 代理变得越来越复杂，其行为分析和理解就必须基于其内部架构以及与其他环境的交互搭配。这是 AI 领域深度学习优化技术与行为科学领域互助组合的结果。

一、AI 代理的行为模式

行为科学是指人和动物的行为学，本是生物学所研究的领域，所专攻的是自然条件下动物的行为和进化特征。1973 年，诺贝尔生理学或医学奖获得者尼可拉斯·丁伯根（Nikolaas Tinbergen）因为发现了动物行为的关键维度而成为动物行为学的奠基人之一。尼可拉斯·丁伯根的观点是，理解动物和人类行为有四个互补的维度，即功能、机制、发展、进化历史。尽管动物和 AI 之间存在本质上的不同，但丁伯根的这一观点至少能概括 AI 代理行为的主要部分。

机器产生行为的机制，经历了不断的发展，先是将环境信息集成到行为中，产生功能结果，这让某种机器在某种环境中变得更为寻常，从而展现出进化的历史过程，并通过人类决策和环境干预机器行为。

将机制、发展、功能、进化四个基本领域放在特定的 AI 代理中进行研究，可以帮助人们有效理解其智能行为。

1. 机制

AI 代理的算法和执行环境的特点是决定 AI 代理生成行为机制的主要因素。机器行为依靠可解释性技术对特定行为模式背后的特定机制予以最基本层次上的理解。

2. 发展

AI 代理行为并非一成不变或一次性的结果，而是随着时间的推移而发展的。机器行为研究机器如何获得特定的个人或集体行为。行为发展可能是工程选择的结果，也可能是代理的经验。

3. 功能

某种特定行为是如何影响 AI 代理的全生命周期功能的，这是行为分析较为有趣的一个方面。行为对 AI 代理某种特定功能的影响，并将这些功能直接复制或优化到其他 AI 代理上，这是机器行为所要研究的问题。

4. 进化

在 AI 代理受进化历史和其他代理交互影响的过程中，AI 代理算法的各个方面都在这种新的环境下得到重用，这将造成两种结果，要么限制未来的行为，要么创新未来的行为。这便是基于进化角度来看机器行为对 AI 代理的研究。

机制、发展、功能、进化组成了一个整体模型，以便于人们理解 AI 代理的行为。然而，当我们评估一个单一代理的分类模型时，这四个要素并不能分析拥有数百辆汽车的自动驾驶汽车环境。

二、机器行为的三个维度

以上四个方面可以应用在机器行为研究的三个不同维度上，即个体维度、集体维度、混合维度。

1. 个体维度

个体机器行为研究的是单个机器本身的行为，其常用的方法有两种：一是侧重在机器内部使用分析特定机器代理的行为集，从而在不同条件下进行机器行为的比较；二是分析机器与机器之间的行为方法，从而研究各种机器代理在相同条件下的行为。

2. 集体维度

与个体维度不同，该领域试图通过研究群体中的交互理解 AI 代理行为。机器行为在集体维度上发现的 AI 代理行为并不是以单独的层次出现的，因此它被叫作集体机器行为。

3. 混合维度

在许多场景中，AI 代理的行为在与人类进行交互的过程中受到影响。机器行为的另一维度注重分析 AI 代理中与人类交互而产生的行为模式。

三、AI 代理行为理解方面的进展

2019 年，佐治亚理工学院、康奈尔大学、肯塔基大学联合开发了一种 AI 代理。这是一种可以自动生成自然语言解释来传达其行为的 AI 代理。这项工作建立在人类与 AI 代理互帮互助上，这让人类与人工智能产生了更多的交互。

2022 年，上海交通大学卢策吾教授所带领的团队在行为理解研究方面取得最新成果。卢教授认为，要想搞清楚机器如何理解行为，需要对以下三个问题做出回答，即如何让机器看懂行为？机器认知语义与神经认知的内在关联是什么？如何将行为理解知识迁移到机器人系统？

卢策吾团队根据人类的认知行为在大脑中分区独立工作的机制，而提出一种适用于高维度信息的半耦合结构模型，从而初步实现了行为理解对行为主体对象的一般化，如图 5-3 所示。

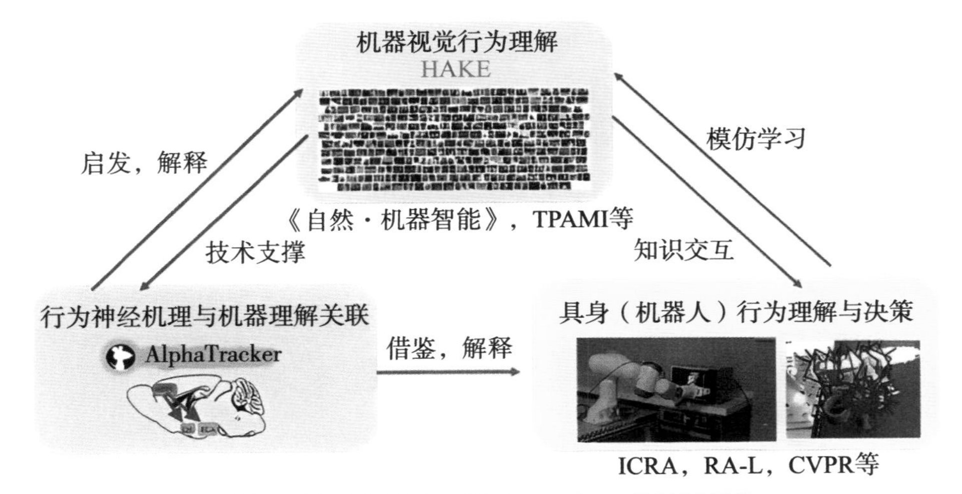

图 5-3　卢策吾团队行为理解工作示意图

另外，该团队在探索以第一人称角度理解人类行为本质方面，对行为理解知识迁移到机器人系统起到了积极作用。这将大大提高智能机器对真实世界的理解能力。

该探索还通过人机交互本质上降低物体模型感知的误差，并通过物体知识的理解进一步提高机器行为的执行能力。这让未来的机器行为相比之前的纯视觉物体识别，具有更好的感知性能。

机器行为是人工智能研究领域中最热门的话题，传统的解释方法已经成为过去式，行为科学将为其打开新思路，这有助于开发更多新方法来理解人工智能的行为。将来，人工智能与人类之间一定会有越来越多、越来越复杂的互动，而机器行为有可能在下一个维度的混合智能上发挥越来越关键的作用。

第二节　神经网络处理直觉和形象思维信息

直觉思维是指不受某种固定的逻辑规则约束而直接领悟事物本质的一种思维形式。形象思维是在形象地反映客体的具体形状或姿态的感性认识基础上，通过意象、联想和想象来揭示对象的本质及其规律的思维形式。这两种思维都是人脑所特有的思维，这让人类大脑成为世界上最高级的存在。要想让人工智能拥有像人类大脑一样处理直觉和形象思维信息的能力，需要先了解一下人类大脑的构成，如图 5-4 所示。

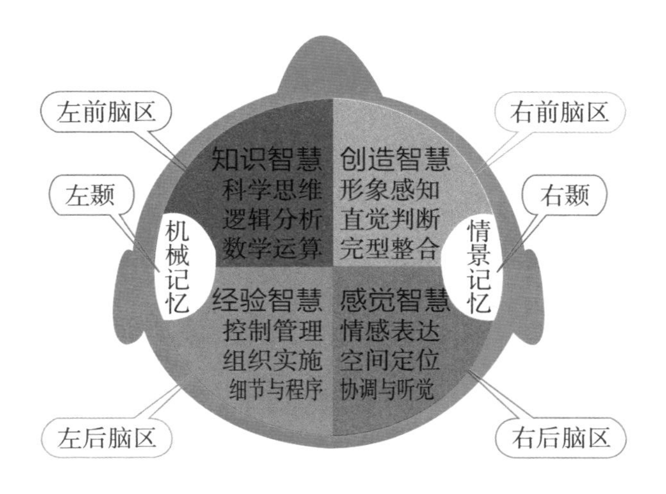

图 5-4　人类大脑功能分区

人类基因中存在两种有助于控制大脑生长的基因，通过对这两种基因的跟踪，发现它们一直在发生变化，而这种变化在现代人（约 20 万年前）出现后就一直存在，这说明人类大脑从未停止过进化。通过基因的进化与人类文明的对比发现，人类最近的基因变化与文化和文明的进步有很大关系。这意味着，人类大脑是自然界所造就的最高级的产物。随着仿生学的进步，人类一直试图向生物学习，寻求能为人类服务的最理想的仿生发明，人类大脑无疑是终极仿生对象。一旦开发出像人类大脑一样的机器来代替人类工作，人类的文明就又前进了一步。

电子计算机其实就是目前最为成功的模拟人脑进行逻辑思维的人工智能系统，尤其现代计算机运算速度已经达到了人脑神经元速度的几百万倍，且它极为擅长各种数值运算和逻辑推理，这也是它被称为“电脑”的原因。

如果说电子计算机在模仿人类左脑功能的研究上已取得进展，那么下一步需要努力的方向是对右脑的认知规律的研究。

一、人工神经网络与人脑信息处理异同

目前的人工神经网络与人脑在进行信息处理时，仍有很大差距，表现在以下三个方面，这也是目前的人工智能研究领域亟待解决的问题，如图 5-5 所示。

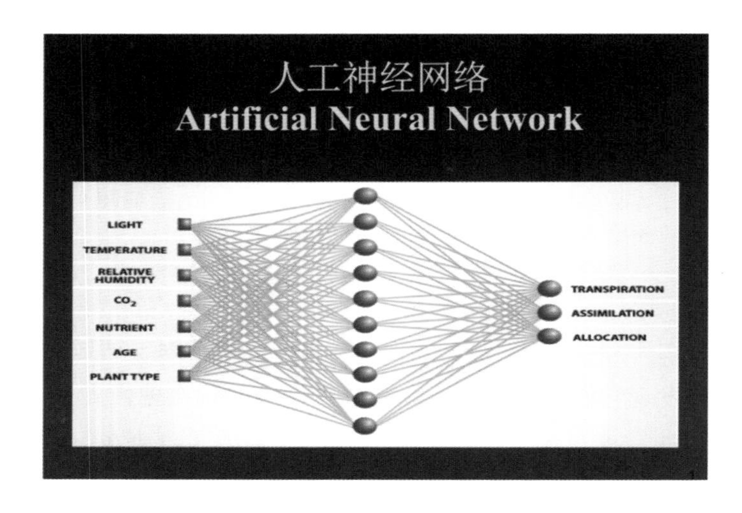

图 5-5　人工神经网络处理信息示意图

1. 直觉与联想能力

人脑非凡的创造力来源于良好的学习和认知能力，如刚出生的婴儿大脑几乎为空白，但是在成长的过程中，就会通过对外界环境的感知和联想，积累丰富的经验。人脑可以通过这些经验进行知识归纳、类比和概括、发散与联想，甚至是模糊的直觉判断。而这仍旧是人工神经网络所不能及的。

2. 信息处理能力

人类大脑的信息处理是以神经细胞为单位，而神经细胞的传递速度为毫秒级，人工神经网络在这方面要优秀得多，已达到了纳秒级。这让人工神经网络在数值处理方面的成就斐然。然而，人工神经网络在图形、声音等类信息处理上却不尽如人意，与人脑相差甚远。如几个月大的人类婴儿

总能在第一时间认出母亲，而人工神经网络解决此类问题则需要一幅具有几百万个像素的逐点处理，并提取脸谱特征进行辨识等，十分复杂。

3. 信息处理机制

人脑与人工神经网络在信息处理机制上表现出较大的差异性。人脑中的神经网络是一种高度并行的非线性信息处理系统，虽然单个神经信息处理速度较人工神经网络慢一个等级，但人脑中数以万计（140 亿到 160 亿）的神经元细胞协同并行处理，这就让人脑的信息处理速度飞快。

140 亿个神经元细胞在人类大脑皮层上活跃着，每个神经元之间都有数以千计的通道同其他神经元互相连接，形成极其复杂的生物神经网络。生物神经网络以神经元为基本信息处理单元，对大脑感知到的各种信息进行分布式存储和加工，使大脑具有了神奇的直觉思维和形象思维。为了模拟人脑的思维方式，科学家经过无数次探索，才锁定了从模拟人脑生物神经网络的信息存储加工处理机制入手（图 5-6），设计出了具有人类思维特点的人工神经网络。

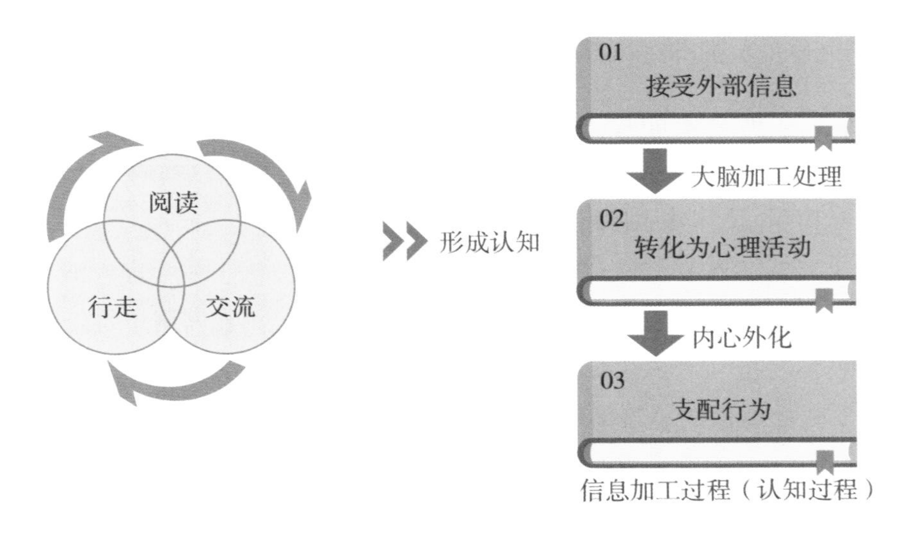

图 5-6 大脑的信息加工处理机制

二、人工神经网络是怎样处理直觉和形象思维的

人工智能有逻辑性和直观性两种思维方式，逻辑性思维是指根据逻辑规则进行推理的过程，它先将信息化成概念，然后用符号表示，再根据符号运算按串行模式进行逻辑推理。在这一过程中，只需要写出串行指令，让计算机按照指令来执行就可以了。

直观性思维是将分布式存储的信息综合起来，偶然间冒出想法或解决问题的办法。这种思维方式有两个特点：一是信息是通过神经元上的兴奋模式分布存储在网络上的；二是信息处理是通过神经元之间并行作用的动态过程完成的。人工神经网络就是在模拟人类大脑的直觉和形象思维。

人工神经网络处理直觉和形象思维的过程是一个非线性的动力学过程，特点在于模仿人类神经元分布式存储和并行协同处理信息的过程。虽然单个神经元的结构极其简单，功能有限，但大量神经元所构成的这个网络系统能使人做出众多行为。

三、人工神经网络的工作原理

人工神经网络首先要根据一定的学习准则进行学习，然后才能工作，如人工神经网络在对手写字母“A”和“B”进行识别时有一套既有规定，即当“A”输入网络时，应该输出“1”，当“B”输入网络时，应该输出“0”。这就是说，网络一旦做出了错误的判断，就会进入不断学习的过程，直到不再犯同样的错误。那么，这一过程在网络中是怎样进行的呢?

首先要做的是给网络的各连接权值赋予（0，1）区间内的随机值，然后将手写字母“A”所对应的图像模式输入网络，网络将输入模式加权求和，再进行非线性运算，从而得出输出结果，或者是“0”，或者是“1”，其概率各占50%，而这个结果完全是随机的。如果输出为

“1”，就是结果正确，那么就将这一正确的连接权值增大，以便网络再次遇到“A”图像模式输入时，仍然能做出正确的判断。如果输出结果为“0”，就是错误结果，那么网络连接权值就会朝着减小综合输入加权值的方向调整，当网络再遇到“A”图像模式输入时，就会降低犯同样错误的概率。我们将这一过程叫作网络学习过程。

当给网络轮番输入多个不同的手写字母“A”“B”后，经过几番类似的网络学习过程，网络判断的正确率将会大幅度提高。这说明网络已经掌握了这两个模式，它已将这两个模式分布地记忆在网络的各个连接权值上。当网络再次遇到其中任何一个模式时，就能够迅速、准确地做出判断和识别。一般来说，网络中所包含的神经元个数越多，则它能记忆、识别的模式也就越多，从而显得越来越具人类智能思维。

第三节　智能调度与指挥

当阿尔法狗横扫围棋界一众高手时，人们几乎同时陷入了深思——人工智能究竟还能做什么？下围棋虽然不是人工智能的终极目标，但阿尔法狗确实证明了机器的大脑在处理数据和学习能力上已经远远超越人类。那么，是否有一天，人类也将听从它的调遣呢？

这一天或许并不遥远了，阿里云旗下的人工智能机器人，事实上已经开始了“智能调度”工作，原来阿里云同送餐软件合作开发出了一款全新的调度引擎，正全面推行到外卖送餐行业。

为什么是外卖送餐行业？因为在某城市的外卖平台，每天配送订单量已超过 300 万单。这个数字对于人类调度员来说，已经是个难以负荷的天文数字，更不要说每天中午和晚上都要面临短暂的订单高峰。以某城市区域配送站为例，全天配送订单超过 2 000 单，而该区域的配送员只有 80 位，平均每个调度员每 6 秒钟就要调度 1 单外卖，同时需要考虑外卖骑手手中已有的订单量、已有订单需要行走的路线，以及骑手对路线的熟悉度等问题。对于一个普通人来说，这份工作几乎无法完成，而对于人工智能来说，却十分简单，如图 5-7 所示。

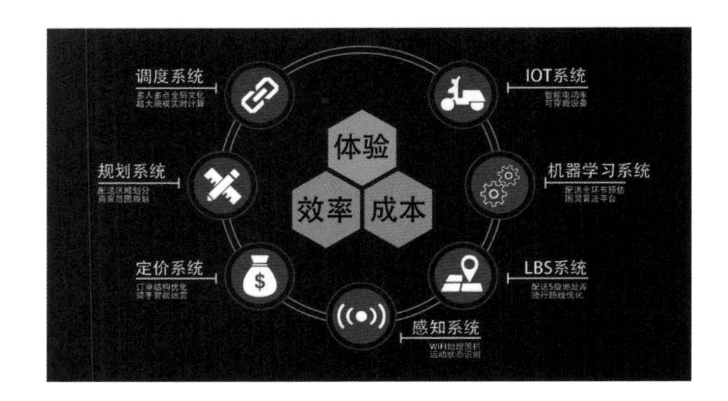

图 5-7　新一代的即时配送系统

开发一个能满足以上业务量的即时配送智能调度引擎，需要满足以下三点要求：

第一，它要综合考虑骑手、餐厅、送餐地址、配送区域和天气等多维度的因素。

第二，它要能快速决策，也就是要能及时派单，避免高峰期爆单或压单，还要有能力在几百毫秒内算出最优的配送路线并推送给骑手。

第三，它要对餐厅的营业时间、餐厅订单量、骑手配送能力和抗压能力、送餐地方是否车流拥堵、是否需要长时间等电梯等各种情况了如指掌。简单说，它要确保骑手将每单饭菜热气腾腾地交到点餐人手中。

人工智能是如何实现智能派单并能确保效率最大化的呢？答案正是智能调度和指挥。配送站每接收一个新订单，就会把该订单插入每个骑手的已有任务中，然后进行新一轮的规划，找出最短的配送路径，同时对比出哪个骑手的新增用时最短。两者都符合的，就是最佳配送选手，如图 5-8 所示。

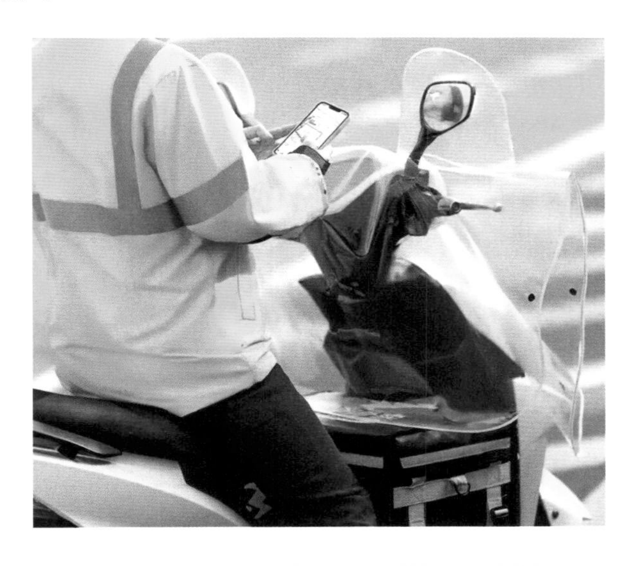

图 5-8 正在接受智能调度的骑手

一般餐厅出餐等待的时间占到整个送餐时间的三分之一以内才是合理的。要想提高骑手效率，就必须准确预估出餐时间，从而减少骑手的等餐时间。

接着计算骑手的送餐时间，这需要了解每个骑手在每个区域、每种天气下的送餐速度。就算餐已送到，点餐者也并非能立刻来拿，他可能需要等几部电梯才能下来。而这些时间都要计算在内，为此，研发团队还为智能调度引擎内置了恶劣天气的算法模型。因为在恶劣天气下，订餐量不但不会减少，反而会增多，调度面临的压力将更大。

智能调度引擎计算出了种种意外，因而能比人类取得更好的成绩。如今，某平台的单均配送时长降至 29 分钟，配送准时率已达 99%。

事实上，“送外卖”并不是智能调度引擎的第一份工作，在此之前，它还成功应用在机场、红绿灯、货运调度中。智能调度引擎可以在机场同时调度 1 000 架飞机，跑道冲突率从 40% 减少到了 5%；在红绿灯调度中，智能调度引擎能使城市的拥堵指数下降 11% 到 25%；在货运调度中，智能调度引擎可以先对货物和车辆进行评估，然后进行智能化匹配和推荐，使货车司机可以接更多的顺风单和接力单等，最大化地优化资源。

当人们正在津津乐道地谈论无人驾驶时，我们不妨为无人驾驶汽车配上一个智能调度软件。其可以根据天气、运力、路线、乘客需求等信息，进行车辆调度和指挥。总有那么一天早上，当你走出家门想要叫一辆出租车时，一辆无人驾驶的智能汽车已经停在你的面前，它打开车门，正等待你的光顾。

第四节　人造系统演示具有自然生命系统特征的行为

人工智能从初启到现在，其终极目标始终没有变，就是让机器像人一样智能化思考，或者说用人造系统实现自然生命系统的全部功能。人类行为依托的是大脑的运行，而大脑运行靠的是以神经元为单位的神经网络，于是人工智能科学家模仿神经网络研制出了人工神经网络。

一、人造纳米随机相变神经元

2016 年，IBM 苏黎世研究中心研制出了世界上第一个人造纳米随机相变神经元，如图 5-9 所示。一直以来，人工智能研究者认为造出人脑最小的脑细胞神经元是实现模拟人工网络系统的最好的切入点。而人造纳米随机相变神经元的成功研制无疑是人工智能领域最大的突破，因为该神经元具有传统材料制成的神经元无法匹敌的特性。首先，它的尺寸能小到纳米级；其次，它的信号传输速度极快，功耗却相当低。更重要的是，相变神经元是随机的，这意味着在相同的输入信号下，多个相变神经元的输出会有轻微的不同，而这正是生物神经元的特性。

图 5-9　人造纳米随机相变神经元模型

目前,IBM 已经构建了一个由 500 个相变神经元组成的神经网络（图 5-10），并让它模拟人类大脑的工作方式进行信号处理。IBM 相变神经元由输入端、神经薄膜、信号发生器、输出端组成。其中，输入端类似生物神经元的树突，神经薄膜类似生物神经元的双分子层，信号发生器与生物神经元的神经细胞主体类似，输出端类似生物神经元的轴突。其为了更像生物的神经传递机制，还在信号发生器和输入端之间设有反馈回路，用来增强特殊类型的输入信号强度。

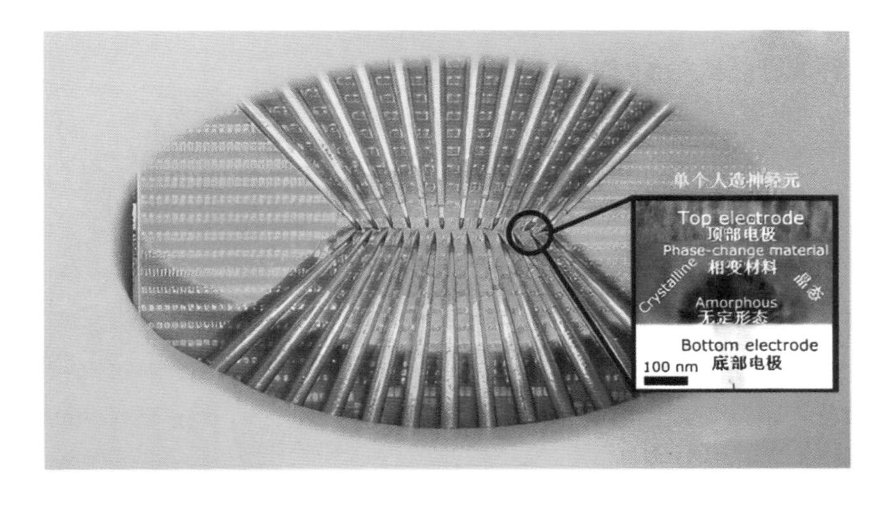

图 5-10　IBM 相变神经元组成的神经网络

在生物神经细胞中，起神经薄膜作用的是一层液态薄膜，其物理机理类似于电阻和电容，因为它在阻止电流直接通过的同时，又在吸收能量，一旦能量吸收到一定程度，就产生信号并向外发射。信号则一路沿轴突传递出去，被其他神经元所接收。大脑就是在不断重复这一过程。

而在 IBM 制造的神经元中，液态薄膜被一小片神经薄膜取代，它由 GST 材料（可重写蓝光光盘的锗锑碲复合材料）制成。它的特性是能以晶体态和无定形态两种形态存在。通过激光和电流提供能量，两种形态之间可以相互转变。不同的状态决定不同的物理特性，一般晶体态导电，而无定形态阻电。信号抵达，薄膜逐渐变成晶体态，从而具备了导电功能。最终，电流通过薄膜制造信号并通过神经元的输出端发射信号。一段时间后，薄膜恢复为无定形态，不再导电。IBM 就这样不断重复这一过程，像大脑一样。

在自然生命系统中，神经元因为生物体内各种噪声的存在而呈现随机性，这种随机性是很难模仿的。而 IBM 人工神经元表现出了随机性，因为神经元的薄膜在每次复位后，其状态会发生轻微的改变，而之后的晶态化过程也有些许不同。这就让人类无法准确地得知每次人工神经元会发射怎样的信号。当这样的人工神经元大批量地组成并行计算机后，它或许就可以和自然生命系统的神经元网络一样处理感官信息了。

二、人造突触

在自然生命系统的神经网络中，突触就像神经元的大门，起到传递信息和信号到另一个神经元的作用。突触是大脑神经网络中的连接组织，人脑内有 100 万亿个突触。

在自然生命系统的神经网络中，突触可以同时容纳抑制信号和兴奋信号两种信号，但传统的人造纳米突触一次只能处理一种类型的信号，这使得人工智能最终只能处理一半的信号。

针对此种情况，中国和美国科学家研制出一种新型人造突触，能够同时处理两种类型的信号，它使得人造神经系统像人类大脑一样能够进行动态配置。在人类大脑中，兴奋信号会使大脑更加兴奋和警觉，从而导致肌肉收缩，而抑制信号会使大脑更加平静放松，从而导致肌肉放松。而最新的人造突触（图 5-11）在计算机系统中也能实现类似的情形。这说明自然生命系统中更加复杂的神经系统也可以被模仿，人造突触让人工神经网络更接近人类大脑。

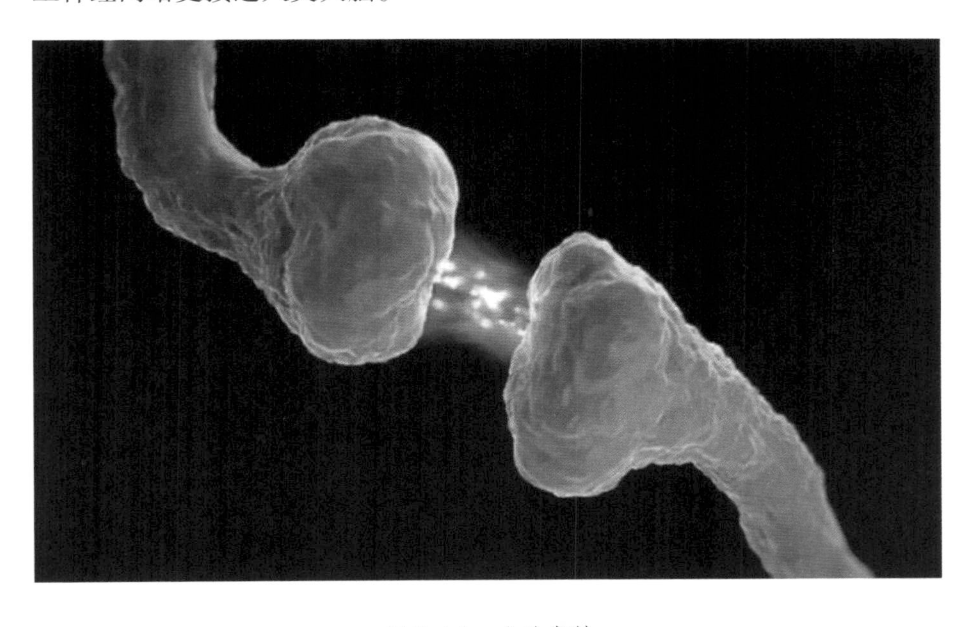

图 5-11　人造突触

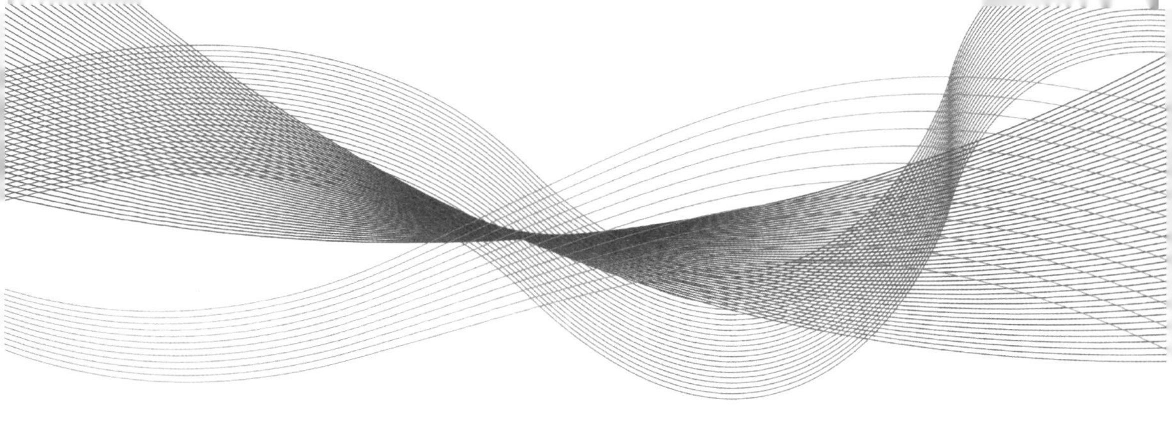

第六章　触手可及的“中国人工智能”

在人工智能研究领域，中国虽然不是起步最早的，但却是崛起最快的。人工智能在中国社会几乎得到了广泛的应用，人工智能的研究也因此具有经济价值。智能识别系统应用在解锁、安防等领域；人工智能第一次走进了中国课堂，让校园变得更加智能；自动驾驶技术即将广泛应用在汽车上，这将改变当前的交通结构；中国在手机支付上的开拓走在了世界前列，为打造智慧金融奠定了基础；不知不觉间，人工智能已经渗透到了生活各个方面，这让我们的生活变得更加便捷和智慧化；一旦人工智能介入医疗，它先进的算法和大数据等都将为人类的健康服务，那是否就意味着人类终可以实现抵御疾病、延长寿命的愿望呢？

第一节　人脸识别和指纹系统

随着人工智能研究领域的拓展，以及市场化应用，我们对人脸识别和指纹系统并不陌生。例如，智能手机解锁和防盗锁解锁已经从最早的密码解锁过渡到了指纹识别和人脸识别。

人脸识别是基于人的脸部特征信息进行身份识别的一种生物识别技术。人脸识别通常靠摄像机或摄像头采集含有人脸的图像或视频，并自动在图像中监测和跟踪人脸，一旦监测到相应人脸，便进行自动识别。

与人脸一样，人类的手、脚所带有的掌纹、指纹等各种各样的纹路图案都是具有唯一性的，依靠这种唯一性，就可以把一个人同他的指纹对应起来。将一个人的指纹与事先录入的指纹进行比较，就可以辨别出其真实身份。

无论人脸识别还是指纹识别，都是生物识别技术的一种，指的是依靠人体的身体特征来进行身份验证的技术，如图 6-1 所示。经研究发现，人的指纹、掌纹、面孔、发音、虹膜、视网膜、骨架等与其他人不尽相同，且终生不变，这种只有唯一性和稳定性的特征正是生物识别技术所需要的。目前该技术广泛应用于人工智能领域，除指纹识别、人脸识别外，还有发音识别等。

图 6-1　指纹识别

一、人工智能是怎样进行人脸识别的

一般来说，人工智能领域所进行的人脸识别主要分为四个步骤，即人脸检测、人脸对齐、人脸特征提取、人脸特征匹配，在完成这四个步骤时需要应用相应的计算机技术，如图 6–2 所示。

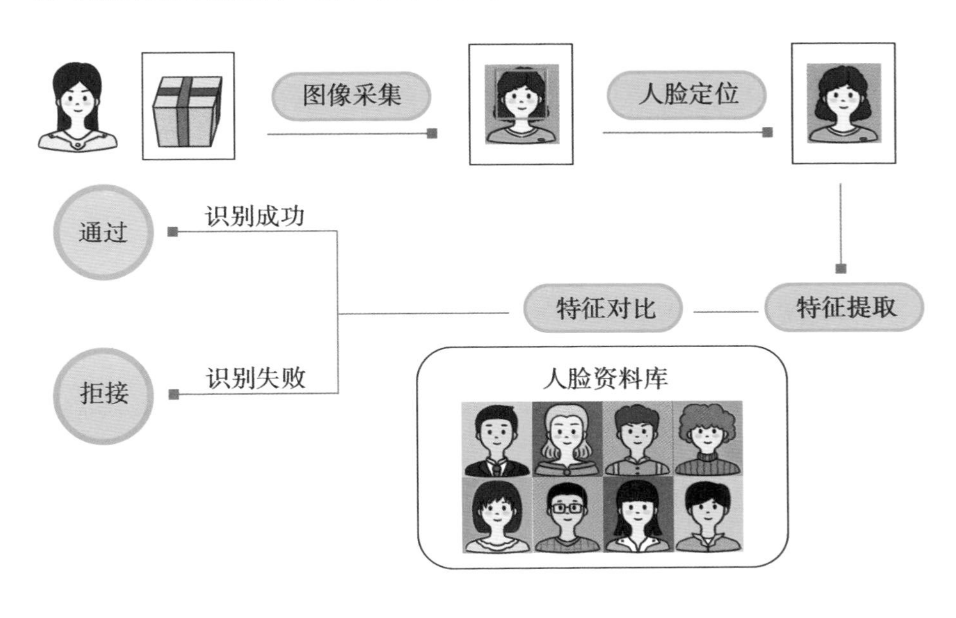

图 6–2 人脸识别过程

1. 人脸检测

人脸检测是一种计算机技术，可以在任意一个或一组数字图像中检测到人脸的位置和大小，并且能有效规避其他身体部位、树木、建筑物等与人脸无关的图像。人脸检测还可以精准定位面部五官的位置，如眼睛、鼻子、嘴巴等的精准位置。目前，人脸检测对于有遮挡的人脸部位尚没有好的办法，这成为将来要攻关的技术难点。

2. 人脸对齐

人脸对齐是将检测到的人脸图像进行归一化，以便后续的特征提取。

该技术先定位人脸上的特征点，通过仿射、旋转和缩放等几何变换技术，将眼睛、嘴巴等脸部特征点放到特定位置。

3. 人脸特征提取

人脸特征提取，也称人脸表征，它针对人脸的某些特征进行特征建模，从而保证完成下一步的人脸匹配工作。

4. 人脸特征匹配

根据人脸特征建模之后，将人脸与数据库中的模型进行匹配，匹配结果以相似度来呈现，从而判断是否匹配。

二、人工智能是怎样完成指纹识别的

人工智能领域所进行的指纹识别通常包括以下五步：图像获取、图像压缩、图像处理、指纹特征提取、指纹对比。

1. 图像获取和压缩

指纹识别的第一步是采集指纹，一般通过专门的指纹采集或扫描仪等获取指纹图像。然后将采集的图像进行压缩，放数据库存储，其目的是减少存储空间。

2. 图像处理

图像处理包括指纹区域检测、图像质量判断、方向图和频率估计、图像增强、指纹图像二值化和细化等。

3. 指纹特征提取

指纹特征是指指纹形态和细节的特征，包括上、下中心位置和左、右三角点位置等形态特征，以及纹线的起点、终点、结合点和分叉点等细节特征。获取指纹特征并提取，才能进一步进行指纹分析。

4. 指纹对比

将两个以上的指纹纹线特征加以分析对比，看是否属于同一指纹来源。指纹纹线的三种基本类型为环形、弓形和螺旋形。最常见的指纹局部特征包括纹线端点、分叉点和短纹等，如图 6-3 所示。

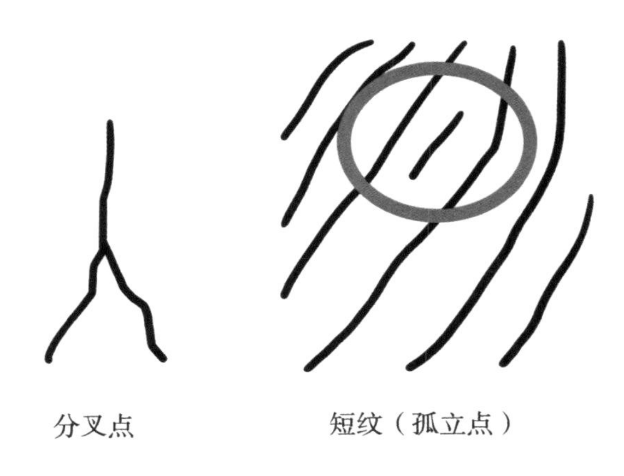

图 6-3 指纹纹线特征

三、指纹识别所采用的技术

指纹识别的相关技术包括光学识别、电容传感器、生物射频、数字化光学识别等。光学识别是基于光学发射装置发射的光线，射到手指上再反射回机器，以获取数据的技术。光学识别技术只能达到皮肤的表层，而不能达到真皮层，且容易受到手指状态的影响（如是否干净、是否有汗水）等。

电容传感器识别是利用间隔安装的两个电容，利用指纹的凹凸不平，当手指滑过指纹检测仪器时接通或断开两个电容的电流，以检测指纹资料。该技术依然对手指状态要求较高。由于传感器表面一般使用硅材料，所以容易磨损。

生物射频传感器是通过传感器发射微量的射频信号，穿透手指的表皮层，获取里层的纹路，以获取信息。这种方法对手指的状态要求较低，不需要手指保持干爽干净。

数字化光学识别运用到了数字化设备，它靠数码相机技术拍照并获取指纹图像，然后将图像数据数字化，再与数据库资料进行对比。

第二节　成就非凡的智慧校园

教育决定国家和民族的未来，是一个国家和民族最重要的事业，而将人工智能应用到教育事业上，必然是大势所趋。2017 年，北京举办了一场未来教育大会，此次大会由中国发展研究基金会携手北京师范大学、腾讯、GSV（全球硅谷投资公司）、好未来联合主办，并由国务院发展研究中心、中华人民共和国教育部直接指导。这次大会就“科技创新推动教育进步”进行了深刻探讨。时任教育部副部长的杜占元指出，未来中国将教育信息化视为推进教育现代化的强大动力，而人工智能将对未来的教育产生革命性影响。他表示中国将进一步推动人工智能在教育教学、教育管理、教育服务等领域的发展。杜占元的讲话传递出两个重要信息，一是信息时代的教育将向人工智能技术个性化发展阶段靠拢，二是国家会大力推动人工智能技术在教育领域的应用。

在 2017 年举行的世界教育创新峰会上，德国贝塔斯曼基金会执行委员会委员德莱格（Delaigue）指出，将人工智能应用到教育上，是为了给老师省下更多的时间关注真正重要的东西，毕竟老师的功能不应当停留在教育知识上，更应该多关注“育人”。2016 年，美国总统奥巴马（Obama）就曾投入 40 亿美金在智能教育的布局上，他说至少要让每个美国孩子在小学就具备一定的编程能力。

一、让人工智能走进课堂

进入 21 世纪以来，我国中小学互联网接入率已经从 25% 上升到

90%，多媒体教室更是增加了一倍，现普及率已超过 80%。但这并不能代表智能化已经在校园得到了充分的常态化应用，顶多算是信息科技教育化的初尝试。实现智慧校园需要两方面的努力，一是要结合教学场景需求设计切实的智能产品，让智能产品在教学环境中得到切实的应用；二是智能化产品要切实提升学习与教学管理。

近两年，线上教育的迫切需要将打造智慧校园的浪潮推上了最顶峰。目前，中国根据《新一代人工智能发展规划》中所指出的，正努力构建 AI+ 教育，并逐步开展全民智能教育项目，在中小学阶段就开始设置人工智能的相关课程、普及编程教育、建设人工智能学科等。同时，我国还大力推动人工智能在教育领域的应用，如构建大规模智能计算支撑环境和在线智能教育平台——OKAY 智慧教育。

OKAY 智慧教育是国内人工智能教育领域起步较早的品牌教育之一，因而有着丰富的实践经验。OKAY 智慧教育不但身体力行教育信息化解决方案的设计，还积极投身于人工智能教育产品的自主研发，同时集技术支持与培训于一体，致力于为全国各地教育主管部门、全日制公办学校、课外辅导机构、教师、学生、家长提供教育信息化解决方案和产品。

在智慧课堂上，学生不像传统课堂排排落座，而是每六个人一组围坐在一起，每个人面前都摆放着一台学习专用的智能终端机，老师则手捧一台教学专用的智能终端机，如图 6–4 所示。老师利用手中的教学智能终端可以将学生的做题情况掌握得一清二楚，还可以利用其将错误率较多的题目投射到教室前面的数字白板上，进行集体探讨和讲解，或者一对一的讲解。

图 6-4　智慧课堂

智慧课堂发挥了学生在教学过程中的学习主导权，切实做到了将高科技融入课堂，提高了课堂效率，让课堂变得有趣。

二、人工智能助力个性化教学

利用人工智能打造智慧校园，并不仅仅局限于普及一些智能化教学设备，否则智慧校园就会流于“智慧”表面而失了智慧核心，因此必须打造个性化智慧校园。

目前，人工智能与大数据分析技术已经充分融合，这将有助于开展教育大数据的精准采集、有效筛选和科学分析工作，有利于深入挖掘教育教学特征和规律。人工智能领域中的机器学习，就可以运用人工神经网络、遗传算法等先进技术，对教育数据的逻辑关系进行图谱式呈现，进而精准预测数据。这一技术表现在实际教学应用上，即对师生进行个性化教育内容推送，捕捉学生的学习行为、学习兴趣，挖掘其学习潜力等，进而为学生量身打造教学方案。

三、人工智能可实现精准的教学管理

以往的教学管理主要依赖于人力的层级管理，很难实现教育全程化、全体化、全阶段的数据监测和统一管理。人工智能领域的情感计算和自适应技术让精准教学管理有了实现的可能，如智能教务系统、智能教学服务系统、智能批改作业系统等的应用，为教师和教学管理人员提供了精准的数据，使其了解教学现状，掌握未来发展趋势，让调整教学安排变得有据可依。

另外，人工智能技术中的情感计算和智能辨识也使得精准教学管理变为现实，学校管理者仅通过人工智能平台和系统，就能对教师、学生、教学管理人员的状态进行分析，这有利于及时发现教育系统运行中可能遇到的风险，如图 6-5 所示。

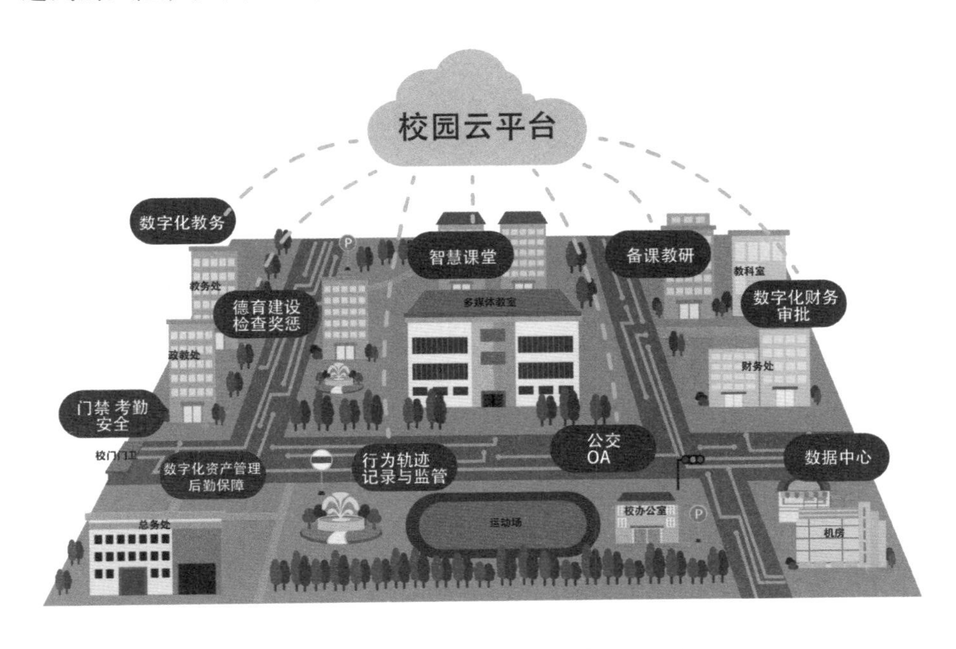

图 6-5　智慧教学管理

四、人工智能打造便捷校园生活

与师生息息相关的有校园生活，人工智能的引入是否可以令他们的生活变得更加便捷？答案是肯定的。人脸识别、智能传感、自然语言处理等智能技术让校园生活变得更加方便快捷，如图书借阅、校内消费，让学生节省下更多的时间和精力去关注学业。

智慧校园与传统校园相比，无疑更加高效化和个性化，如图 6-6 所示。借助智能技术，校园不但能快速预警安全风险，更可以随时掌握在校师生的心理健康状态，并且及时干预。

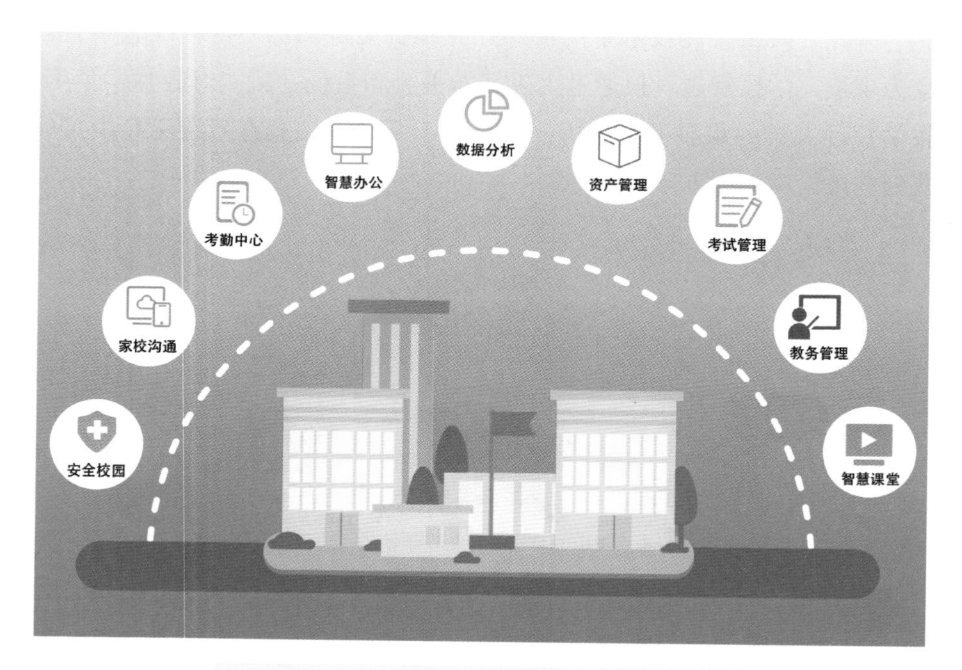

图 6-6 智慧操场

第三节 自动驾驶和交通管理

自动驾驶技术是目前人工智能领域最热门的话题。自动驾驶又称无人驾驶、电脑驾驶或轮式移动机器人，是一种通过电脑系统实现交通工具自主驾驶的技术。自动驾驶技术早在 20 世纪就已进入研究阶段，直到 21 世纪初呈现出接近实用化的趋势。

自动驾驶技术最早应用在航空领域，人类历史上第一架固定翼飞机首飞不到 10 年，人们就研制出第一套自动驾驶系统。虽然这套自动驾驶系统相对简单，但已经具备了自动驾驶系统必备的几个组成部分，如感知层、决策层、执行层等。20 世纪上半叶，自动驾驶技术依托复杂度较低的高空环境得到充分的发展。20 世纪 80 年代，卡内基梅隆大学计算机科学学院的机器人研究中心研制出第一辆自动驾驶汽车 Navlab，限于当时软硬件条件，其时速最高只能达到 32 千米，且实用性较差。

中国的自动驾驶技术研究起步较晚，1987 年，国防科技大学研制出第一辆自动驾驶汽车，虽然车辆外形与普通车辆相差甚远，但已基本具备了自动驾驶汽车的内核。2003 年，国防科技大学联合一汽集团改装完成一辆自动驾驶汽车，时速可达 130 千米，且其具有自主超车功能。2011 年，这辆车又完成了 286 千米的公路测试。同时，清华大学、中国科学技术大学等国内科研机构也开始自动驾驶技术的自主研发。

近年来，随着大数据、物联网、5G 等信息技术的发展和普及，汽车自动驾驶领域也迎来了蓬勃的春天。无论是新能源汽车还是传统汽车，自动驾驶都将成为业界未来抢占的市场制高点，因此越来越多的企业向着自动驾驶领域迈进。2022 年 3 月 1 日起，中华人民共和国工业和信息化部发布的《汽车驾驶自动化分级》正式实施，意味着自动驾驶领域内的“中国标准”已经到来，如图 6–7 所示。

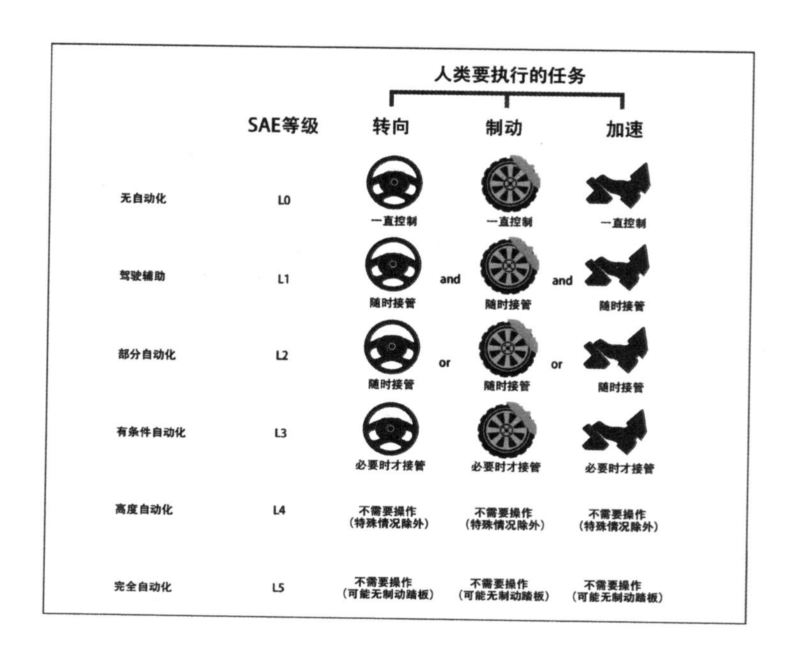

图 6-7　自动驾驶的六级标准

L0：自动预警，如碰撞预警、车道偏离预警。

L1：解放脚，如自动巡航或车道保持辅助功能等。

L2：解放手和脚（限定条件内人机混开，基本是人类在开），同时具备了自动巡航和车道保持辅助功能，也是目前市场中的主流配置。

L3：解放手、脚、眼（限定条件内人机混开，基本是系统在开），车辆能完全自行处理行驶过程中的一切问题，包括加减速、超车，甚至规避障碍等，也意味着若发生事故，责任认定正式从人变为车。所以相较 1 级至 2 级的跃升，2 级到 3 级需要克服的难点与鸿沟将是巨大的。

L4：解放大脑（全区域由系统开，特殊情况除外），该级别已经不需要人类干预任何操作，实现了高度的自动化，但仍需要人类辅助驾驶，尤其在遇到突发情况时。

L5：解放人类（全区域由系统开，真正实现无人驾驶）。

目前，中国自动驾驶技术处于全球领先水平，德国大众汽车集团（中国）总裁贝瑞德（Bedry）就曾表示，中国在智能网联和智能驾驶方面的发展速度十分迅速，已经大大超出了他们的预期，如今世界上没有一个国家可以在这方面与中国相提并论。很快，大众汽车旗下的自动驾驶公司与国内自动驾驶芯片独角兽达成合作，成立合资企业。

一、自动驾驶三大核心技术

所谓自动驾驶技术，其研究的核心问题始终围绕在定位系统、路径规划、线控执行三方面。只有解决了这三大核心问题，自动驾驶才能真正实现，且有望实现自动驾驶的终极目标——无人驾驶。

1. 定位系统

目前所使用的 GPS 定位系统已经能解决大部分用户的定位问题，毕竟作为一台自动驾驶的汽车，只有明白自己所在的位置，才能对应所要去的位置进行路线规划。高精度 GPS 目前最难突破的仍旧是山区或隧道等复杂地形地貌特征下位置的精准定位问题。目前依靠 IMU（惯性测量单元）来进行推算，然而，一旦 GPS 丢失信号，丢失信号的时间越长，误差越大。3D 动态高清地图虽然可以将位置精准定位在所行驶的车道上，但也只是减少了误差，而并不能做到万无一失。

2. 路径规划

自动驾驶路径规划并非简单地从这里到那里，选择哪条线路的问题，而是包括三个层面：第一层是点到点的非时间相关性拓扑路径规划；第二层是实时的毫秒级避障规划；第三层是将规划分解为纵向（加速度）和横向（角速度）规划。

自动驾驶汽车在进行路径规划时，一般必须对车辆周边环境进行预测，至少要预测未来几秒内周围环境内的每个元素，如周边机动车辆、行人状态、交通标志状态等。在进行这种预测时通常使用以下两种方法：

（1）对将要发生的每种元素的所有可能情况进行轨迹建模。自动驾驶系统通过对车辆传感器的实时输入来计算主路上车辆实时的位置和速度，从而决定是否换挡和变道。该技术实现了轨迹的可行性，不过它的关注点在未来发生的可能性上，而对过去已经做了什么并不会关注。

（2）根据当前的观察，运用机器学习建立与训练数据的相似性，从而将其与轨迹相关联。自动驾驶中的机器学习像所有的机器学习一样，需要定义一个训练阶段和一个预测阶段，如图 6–8 所示。

图 6–8　深度学习中的自动驾驶

训练阶段收集有关车辆历史的大量数据并从这些数据中学习，如可以让数百辆汽车在十字路口完成数百种不同的行为。在此基础上，自动驾驶系统便能很容易做出精准预测。该技术依赖的是数据，也就是过去发生过的事。数据收集得越多，对驾驶行为的估计也将越精确。

对环境进行预测是为了做出行为决策。例如，遇到突发状况该临时变道还是急踩刹车？如何加速或变道？这里需要运用到人工智能领域中的强化学习。强化学习包括从经验中进行的学习，如我们的目标是向右转，这时可以先让汽车做一个随机选择，如果它的选择恰巧是正确的，则给予一个积极的奖励，如果它的选择是不正确的，则给予一个消极奖励。经过反复的深度学习，汽车就能了解到什么情况下所进行的选择能导致积极的奖励，并对此予以标记。也就是在不断试错中，总结出正确的答案。这项技术是目前最接近人类学习的技术。

3. 线控执行

线控执行，即利用传感器和电动机代替液压和机械部件的工作。线控执行主要包括线控制动、转向和油门，拿转向来说，线控转向就是“去方向盘化”。如今的自动驾驶汽车在进行自动驾驶时，方向盘还是会随着方向的改变而发生改变，而真正成熟的自动驾驶，是在线控技术的支持下实现车轮转向，方向盘几乎就没有存在的必要了。

（1）线控油门。线控油门已经大量应用起来，市面上凡具备定速巡航功能的车辆都已配备了线控油门，即电子油门。电子油门用导线来替代拉索或拉杆。通常增减油门是通过油门踏板改变发动机节气门开度，从而控制可燃混合气的流量，改变发动机的转速和功率，以适应汽车行驶的需要。如今，只需要在节气门装一个微型电动机，用电动机来驱动节气门开度。

电子油门控制系统主要由数据总线、油门踏板、踏板位移传感器、ECU（电控单元）、伺服电动机和节气门执行机构成。

（2）线控转向。目前的电子助力转向（EPS）其实已经非常接近线控转向了。但线控转向实现了用传感器获得方向盘的转角数据，用电机推动转向机转动车轮，因而取消了方向盘与车轮之间的机械连接。

（3）线控制动。传统制动系统主要由真空助力器、主缸、储液壶、轮缸、制动鼓或制动碟构成。当踩下刹车踏板时，储液壶中的刹车油进入主缸，然后进入轮缸。轮缸两端的活塞推动制动蹄向外运动，使得摩擦片与刹车鼓发生摩擦，从而产生制动力。而线控制动从真空助力器延伸开来，用一个电机来代替真空助力器推动主缸活塞。由于汽车底盘空间狭小，所以电机的体积必须很小，同时要有一套高效的减速装置，将电机的扭矩转换成强大的直线推力，如图 6-9 所示。

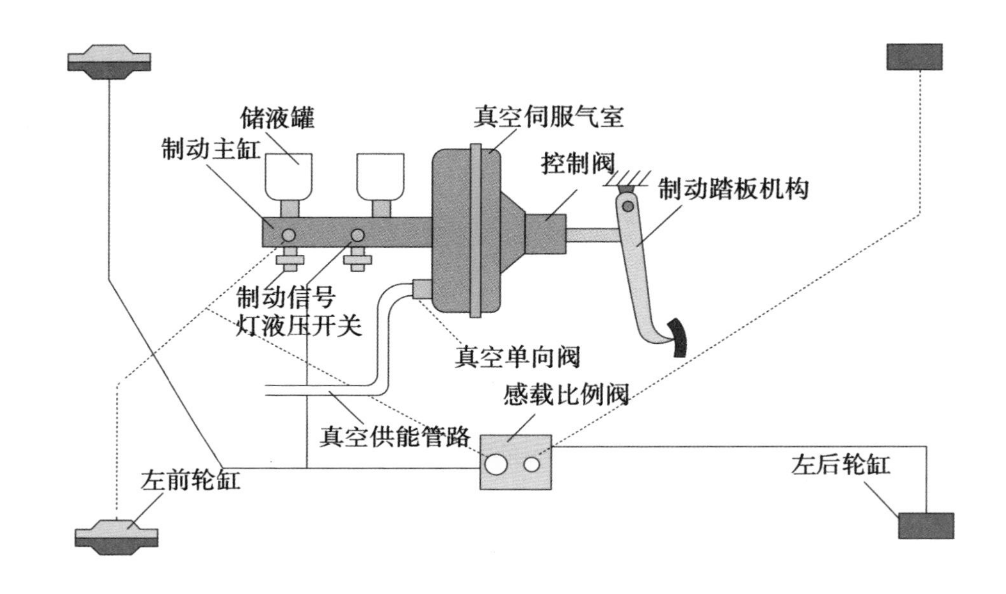

图 6-9　自动驾驶制动系统示意图

随着电机技术的发展，电液线控制动系统逐渐出炉。简单说，就是用直流无刷超高速电机配合滚珠丝杠直接推动主缸活塞达到电液线控制动。传统的液压制动系统反应时间为 400 ～ 600 毫秒，而电液线控制动反应时间为 120 ～ 150 毫秒，这意味着百公里时速刹车最少可缩短 9 米以上的距离，大大提高了安全性。

二、自动驾驶时代下的交通出行

2022 年 8 月 1 日起，深圳经济特区施行了《深圳经济特区智能网联汽车管理条例》。根据此条例，完全自动驾驶汽车可不具有人工驾驶模式和相应装置，不配备驾驶人，在交通主管部门划定的区域、路段行驶。

完全自动驾驶汽车，是指具有自动驾驶系统的汽车在不需要人工操作的前提下可以完成驾驶人能够完成的所有道路环境下的动态驾驶任务。这种场景很容易让我们联想到科幻电影——没有司机驾驶，汽车在城市道路上平稳而流畅地打灯变道、遇到红灯时及时停车、方向盘自动转动。而这并非科幻，它真实地发生在我们身边。

2022 年 8 月 1 日当天，无人驾驶的完全自动驾驶汽车在深圳市福田区规定路段顺利完成了 9.6 千米的道路测试，如图 6-10 所示。它准确地识别了红绿灯、临时障碍物等多种道路情况，应对了城市快速路段、施工路段、多车道汇流等路况，全程用时 30 分钟。

图 6-10　无人驾驶汽车道路测试

自动驾驶汽车的推广应用，使现在的交通管理得以改善。

首先，一辆不需要方向盘、不需要司机的汽车节省了更多的空间，可以设计得小巧、实用，如一般的家用车或通勤车，只需设计一两个人乘坐的座舱即可，这大大节省了道路空间。

其次，在道路上，自动驾驶可以让行驶的汽车通过网络连接起来，完成人类驾驶所不能完成的工作。例如，许多部有着相同目的地和时间要求的自动驾驶汽车可以在道路上实现并行，排成间距极小的密集编队，保持高速行进，对路面环境统一侦测和处理，而无须担心追尾的风险。

最后，自动驾驶的推行，也可以使未来道路发生良性改变，如自动驾驶的车道可以变得更窄，交通信号灯设计成自动驾驶汽车可识别的样子即可。

当自动驾驶逐渐取代人类驾驶，人们会发现交通出行已变成一件十分简单的事。届时，人们无须买一到两部私家车放在家里备用，因为大多数汽车都将进入共享模式，它们可以 24 小时待命，随叫随到。

在智能调度的帮助下，共享汽车的使用率会接近 100%，城市里需要的汽车总量则会大幅度减少，停车难、大堵车的现象因自动驾驶共享汽车的出现而得到真正解决。

第四节　智慧金融与手机付费

近年来，人工智能的应用随着研究的进展几乎到了随处可见的地步，它影响着社会生活的方方面面，金融是最被看好的落地领域。由于人工智能技术的进步，智慧金融的应用对传统金融机构来说是颠覆性的存在。如过去雇用大量交易员在集中场所进行资产交易的老旧方式正在逐步消失，对此美国最大在线券商嘉信理财也逃不过裁员的噩梦。

曾经，瑞士银行设在美国康涅狄格州的交易场堪比一个足球场，最多能容纳一万名资产交易员同时操作。然而，短短几年时间，万名资产交易员同时交易的盛况就已不再，如今这里的桌椅稀松可见，呈现出一片萧条的景象，如图 6-11 所示。

图 6-11　康涅狄格州交易场裁员前后对比图

瑞士银行在康涅狄格州的交易场的衰落，不仅仅是金融危机的结果，更与近年人工智能算法替代人类交易员的大趋势有关。正如开发机器学习技术交易算法的金融交易分析师迈克尔·哈里斯（Michael Harris）所指出的，这些交易员都被少数的几种人工智能算法取代了。

数以万计的人类交易员被几种机器算法所取代，只是人工智能拉开的智慧金融领域的冰山一角。事实上，包括银行、保险、证券等在内的整个金融行业的天秤，都已经向着人工智能领域发生倾斜，它们或依靠人工智能改进着现有的业务流程，或依靠人工智能提高业务效率，金融行业正因人工智能的出现发生巨大变革。据保守估计，至2025年，机器学习和人工智能可以通过节省成本和带来新的盈利机会创造每年340亿～430亿美元的价值，且这一数字随着相关技术的提升，还将拥有更大的提升空间。

近年来人工智能之所以能得到飞速发展，得益于深度学习算法的成功应用和大数据打下的坚实基础。人工智能势必会在各行各业站稳脚跟，但判断其最先在哪个行业引起革命性变革，还要看这个行业对自动化、智能化的需求，以及该行业在过去的数据积累和更新是否达到了深度学习算法的要求。

金融行业无疑是全球大数据积累最好的行业，银行、证券、保险等本来就是基于大规模数据开展的，且它们很早就自主开始了自动化系统建设。如中国的几家大银行早在20世纪90年代就开始规划、设计银行内部的大数据处理流程，而其数据基础为即将到来的人工智能应用提供了坚实的依据。

一、智慧金融如何改变金融科技

人工智能和机器学习通过分析大型数据集来帮助金融行业实现可持续发展。我们可以通过以下五方面来了解智慧金融对金融行业的改变。

1. 打击欺诈

金融活动中的欺诈行为无时无刻不在困扰着广大用户，信用卡诈骗、虚假保险索赔、欺诈性电汇等，这些诈骗性交易使用户从财产到声誉都蒙受重大损失。大多数人工智能融资公司可利用机器学习来打击欺诈，实现网络安全。越大规模的金融业务交易，越无法实现每一笔交易的密切监督和关注，但人工智能系统可以完成人力所不能及的事情，它能24

小时无间断地监控每一笔交易，从而避免金融欺诈活动发生。

2. 手机支付

随着人工智能技术的发展，金融机构已逐渐使用大数据分析来了解交易和支付，如大数据正在帮助银行将其服务与银行卡关联起来，实现数字化转型，并使用户的支付更加安全和简单。我们最常应用的电子钱包应用的是复杂的数据算法，它使用户能够使用密码进行在线支付。用户还可以将电子钱包连接到多个账户或信用卡，在不共享敏感信息的情况下实现在线转付。现在，这种电子钱包程序已大量应用在智能手机中，这就使得人们真正实现了金钱自由，出门只需带上一部手机，就可以随时随地进行消费和支付，如图 6-12 所示。

图 6-12　无处不在的手机支付

此外，手机支付大大提高了交易的安全性，因为手机上有指纹识别等应用，这些应用使得网络攻击无法通过破解传统密码侵入，虽然它们还有待完善，但在未来将取代传统的用户名和密码。人工智能无疑为金融科技领域的数据安全提供了巨大的推动力，其中一些安全预防措施（如授予额外访问权限、重置密码等）让我们的日常交易变得安全可靠。

3. 改善客户服务

智慧金融在效率和安全上的重大改进，使得用户越来越习惯于获得快速响应，这要求金融机构必须全天候回答用户的一切问题。人工智能通过使用复杂的情绪分析来帮助改善金融科技客户服务，该分析侧重于识别不足、培训聊天机器人和改善客户体验。

另外，人工智能在改进银行交易的搜索功能上也有助于帮助用户清楚地了解交易明细，从而理解人工客服的工作压力。

4. 增强算法交易

算法交易更多地应用在股票交易决策上。人工智能通过使用一组预编程指令来执行股票交易，这就改变了传统的交易方式。客户只需下载一个人工智能的移动应用程序，就能随时随地进行股票交易，即用手机进行股票交易操作即可，且这种交易较以往的人工算法更为精确，而通过这种算法做出的决策也更加明智，更能有效地规避交易风险。要知道，人工智能要比人更懂得怎样赚钱。

5. 节约人力成本

人工智能技术在金融领域将转化为一个个应用程序，它只需存在于智能手机中，这将帮助金融机构节省数十亿美元的人工成本。智慧金融出现以前，客户想要获批一笔贷款要做好打持久战的准备，不但涉及大量文书，还非常耗时。然而，随着人工智能自动化技术引入金融行业，人们只需要动动手指就可以完成贷款操作。因为人工智能模型可以通过验证检查来评估个人信誉，客户是否满足借贷要求将成为一目了然的事。

二、智慧金融在未来将如何发展

在未来，智慧金融将应用于金融领域的各个方面，如交易决策、信用风险评估、保险、财富管理、精准营销等。而金融领域中的人工智能有助于推动技术创新，为用户带来更为安全、更为个性化、更高效的服务，同时提高用户满意度。如基于深度学习的人工智能技术在多维度的大数据分析下，可以为银行的潜在用户进行精准画像，自动在高维空间中根据潜在用户曾经的购买行为、个人特征、社交习惯等分析规划其最匹配的金融产品，如图 6–13 所示。

图 6–13 未来智慧金融构想

第五节 智慧生活和机器人

十几年前，人工智能在大多数人眼中还只是“科幻电影”的宣传噱头，而如今，带着种种人工智能痕迹的“黑科技”已经走进我们的生活（图 6–14），不知不觉渗透到衣、食、住、行等方面。通过与智能产品不断深入接触，人们切实了解到生活变得更加便捷和智慧化。

图 6-14 “AI+ 生活”构想

一、人工智能点亮智慧生活

1.AI 试衣

作为繁忙的都市人，拿出一天去实体店试穿、购买衣服越来越成为一种奢望；网络购物虽然便捷，却苦于无法试穿而导致频频退货。针对此种情况，阿里巴巴利用人工智能技术开设出一家人工智能服饰店，以便让人能通过 AI 视觉完成试穿体验。

该服饰店还能为消费者提供个性化穿搭建议，一秒钟就能推荐出 100 种适合你的服装搭配。当消费者浏览货架时，随意拿起一件衣服，旁边的智能镜就能感应到商品信息，并给出穿搭建议。当你看到心仪的衣服想要试穿时，不再需要真的试穿，只需要在镜屏上选择尺码、型号，点击“试衣”，另外一头售货员便会将你选择的那件衣服放在试衣间等待你的“光顾”。

AI 试衣所提供给现代社会的不仅仅是全新的零售体验，更是一种利用科技助力时尚的方法论，它通过机器学习与图像识别技术，将复杂的时尚元素、时尚流派进行拆解和组合，在不断的学习中提供给用户更好的服务。

2.AI 饮食

保证人类生存的最重要的条件就是饮食，然而近年来饮食也呈现出智能化的趋势。智能家电的兴起改变了人们的饮食结构，智慧烤箱、智慧微波炉等使得人类饮食更加简单、便捷，人们不再需要人工定时、人工调温，只需要通过自动推荐的温度、时长来烹饪食物。在未来，还可以实现针对不同口味的食谱完成定制。另外，智能冰箱、智能油烟机除了提供基本的功用，还贴心地为用户准备了每日健康食谱，如智能冰箱还可以根据冰箱内剩余的食材为消费者设计出最佳的烹饪料理方案，如图 6-15 所示。

图 6-15　人工智能厨房

3.AI 居住

目前智能家居一直在努力的方向就是让人们在自己家中感受到人工智能带来的科技感。于是，家电发生了革命性的改变，一些智能家电不但能听懂人们在说什么，还可以为人们贴心地提供定制化服务。夜幕降临，当你忙碌一整天后，风尘仆仆地赶回家中，智能家电通过手机定位便能预测你何时归来，于是实时地为你打开电灯、烧上热水、打开暖风预热等。同时，智能音响、智能电视、智能扫地机器人等会通过网络组合为一套专门为你的起居进行服务的人工智能网络系统，如图 6-16 所示。

图 6-16　AI 家居

4.AI 出行

在出行方面，最大的变化恐怕就是近年来热议话题——自动驾驶。

通过计算机算法，越来越多的汽车具有了自动驾驶功能。自动驾驶技术还有待完善，将来或许能为我们的交通环境带来天翻地覆的变化。

除此之外，公共交通也大量应用了AI人脸识别技术，人们在选择飞机、火车等交通工具出行时，进出站口的AI人脸识别取代了之前的检票、身份验证等环节，使出行更便捷、更安全，如图6-17所示。

图6-17　人脸识别进站

二、机器人便利智慧生活

《中国机器人产业发展报告（2022年）》中显示，中国机器人市场规模近5年年均增长率达22%。在生活中，机器人已经遍布医疗、教育、应急救援等各个领域，人类已经开启了与机器人共融的智能时代。

究竟怎样打开机器人时代模式？或许可以这样畅想：当你想喝一杯浓郁的意式咖啡，只需吩咐一下，生活机器人便能帮你冲泡（图6-18）；当你生病了却无人照料，机器人可以成为你坚实的臂膀；当你想要健身，机器人可以从旁辅助，成为你最可靠的教练和陪练……随着信息技术和工业技术的不断融合，工业领域将分化出一支机器人队伍，用于便捷人类的日常生活，帮助人们解决生活中的各种问题。

图 6-18　机器人制作拉花咖啡

在生活领域，机器人可以做扫地、拖地、做饭、整理等一切家务，如美的的“小惟”机器人，就身兼家庭助理、管家、安全卫士、科技玩伴等多重身份；在适老化领域，机器人可以成为提高老年人生活自理能力、预防意外伤害等方面的一把好手；在丰富生活方面，机器人更是大有作为，如一款下棋机器人就可以花样百出地陪你对战整个周末。

新加坡南洋理工大学针对老年人研发出一种机器人，可以对老年人的跌倒行为做出预判。这种机器人外形酷似一张电动座椅，平时套在老年人臀部周围，一旦老年人身体失去平衡，便能及时做出判断，防止老年人跌倒。

让机器人走进千家万户是大势所趋，《“十四五”机器人产业发展规划》指出，至2025年，中国成为全球机器人技术创新策源地、高端制造集聚地和集成应用新高地，到2035年，中国机器人产业综合实力达到国际领先水平，机器人成为经济发展、人民生活、社会治理的重要组成部分。目前，随着机器人市场领域的拓宽，人们对机器人产品提出了更高的要求。怎样将智能语音、人工智能算法、大数据、物联网等技术融合起来，创造出更为便捷、智能的机器人产品，是未来行业研究的重中之重。

第六节　物联网和智慧医疗

一、万物相连的“物联网”时代

什么是物联网？或许我们可以试着描绘出一个符合“物联网”的时代图景：当公交车司机操作失误时，汽车发出了警报，并提示更正；当你把一件衣服投入洗衣机时，衣服会自动“告知”洗衣机，它需要怎样的水温和洗涤方式；当你上班出门时，公文包会提醒你忘带的东西等。

这就是物联网时代，即万物都可具备智能感知的能力，且万物以人为中心实现了紧密连接。具体来说，物联网就是把感应器嵌入各种物体中，它包括电路、铁路、公路、建筑、水路、油气管道、桥梁等，然后将这些物体通过互联网整合起来，在这个整合系统中，有一个强大的中心计算机群，能够对物联网内的所有人、机器等实施管控协调，如图6-19所示。在此基础上，人类可以拥有更为精准的生产生活方式，届时资源利用率和生产力水平都将达到一个前所未有的高度。人类进入真正的智能时代。

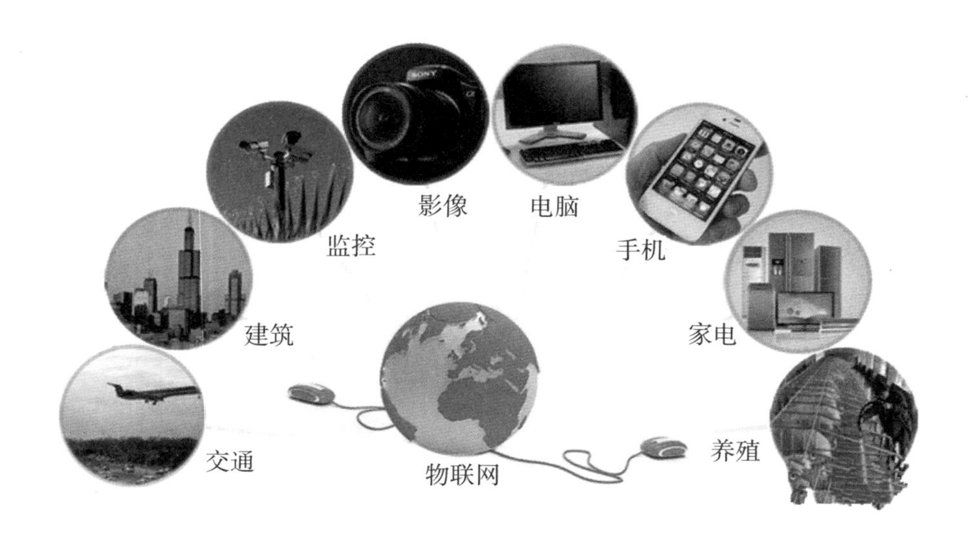

图 6-19 物联网构想示意图

通俗来讲，物联网是实现人与物之间信息沟通的一种网络模式。怎样才能实现人与物的连接呢？可以将所有物品都嵌入电子标签或条形码等能够存储物品信息的标识，然后通过无线网络将这些信息即时发送到后台的信息处理系统，而各大信息处理系统可以通过现有的互联网技术连成一个庞大的网络。在这个网络中，可对每一件物品实施跟踪、监控等智能化管理。比如，当你进入一家餐厅，会看到桌面上陈列了各种食物的触摸板，点击相关链接后，你就会看到所对应食材从播种到收割的全过程，它在生长过程中浇过几次水、施过几次肥，有无公害污染等情况一目了然；接着，你点了一块牛排，这块牛排出自哪一头牛的哪一个部位，这头牛从出生到宰杀的全过程，它一生所食用的饲料等都将一览无余地呈现在你的眼前。有些牛在宰杀前就已经被食客下了订单。

这就是物联网的神奇之处。那么，物联网是怎样实现万物相连的呢？其实，其核心技术正是人工智能的感应技术。就比如那头宰杀前就被下了订单的牛，从它出生的那刻起，它就被安装上了传感器，而它一生的经历都将通过传感器转换成数据上传到系统中，系统再把它上传到所有需要呈现这些数据的场景，如饭店点餐的触摸板中。在整个过程中，感应装置和网络起到了举足轻重的作用，正是在两者的作用下，目标物体上所承载的信息才能被接受和读取，如图 6–20 所示。

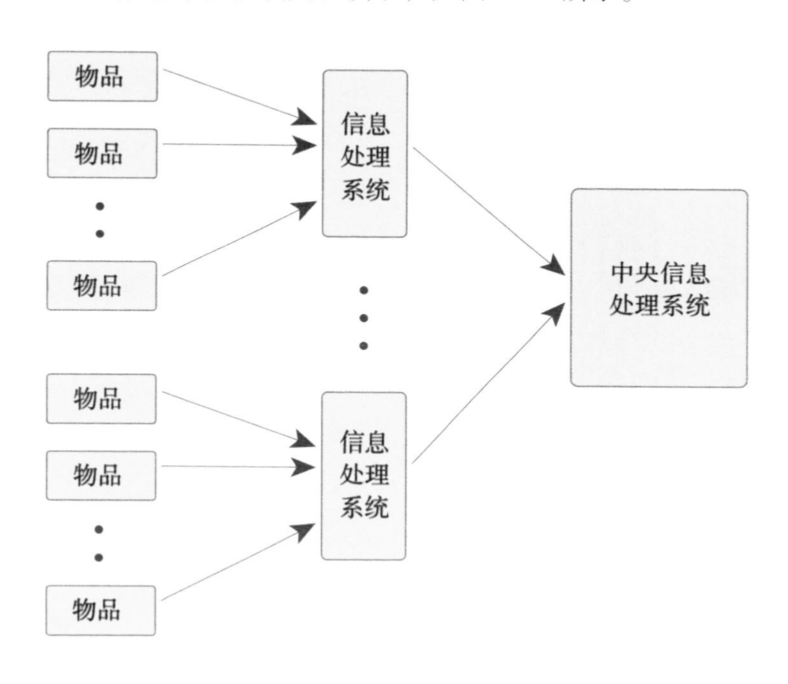

图 6–20　物联网操作过程示意图

目前，人工智能感知技术的开发和探索仍处于初级阶段，物联网的推广和普及也尚未实现，但就未来发展趋势而言，物联网技术势必成为时代诉求。

二、智慧医疗

人工智能研究对人类本身最有价值的地方，便是促进医疗科技的发展。一旦人工智能介入医疗，它先进的算法和大数据等都将为人类的健康服务，那是否就意味着人类终可以实现抵御疾病、延长寿命的愿望？

早在人工智能研究的初期阶段，人类就试图将人工智能技术引入医疗领域，就连世界上第一个专家系统也是用于药物的化学成分分析和新药研制开发的，后来涌现出无数个专家系统，几乎都是为医疗诊断量身定做的。如今，随着人工智能技术不断深入制药、智能诊断、康复治疗、机器人手术等各方面，医疗系统逐渐显示出其智能性，如图 6-21 所示。

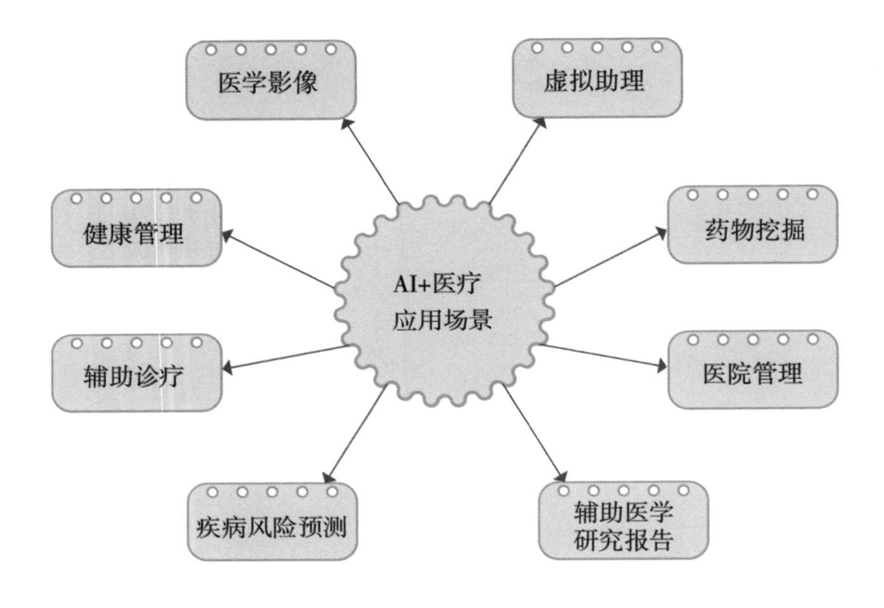

图 6-21　AI+ 医疗应用场景

1. 药物研发

英国伦敦一家公司正试图让人工智能系统阅读存储在专利数据库、医疗数据库、化学数据库中的专利、技术资料、数据等，就连发表在医药学期刊上的论文也不放过，然后利用机器学习来挖掘可用于制造新药的分子式或配方。传统的制药公司在新品开发上已经很难取得新突破，因为近些年大多数明显有用的分子已经被发现，且科学成果以每九年翻一番的速度骤增，这让翻阅数据成了人力所不能及的事情。然而，对于 AI 来说，这正好是它们所擅长的，通过深度学习，AI 可以在短时间内攻破一切数据、资料，通过自主学习建立关联、形成假设，从而提出新的想法，如图 6-22 所示。

图 6-22　人工智能医药研发

2. 协助医疗诊断

基于大数据的人工智能在辅助诊断疾病上也为人类提供了一定的帮助。例如，IBM 公司将它最著名的人工智能系统 Watson 用于辅助癌症研究。IBM 公司将世界顶尖的癌症研究机构联合起来，通过它们提供的数据来教会 Watson 理解基因学和肿瘤学。Watson 只用了一个星期的时间就钻研了 2 500 篇医学论文。这是多么令人欣喜的成就啊！在此基础上，Watson 能快速、准确地找到治疗方案，这要比一群认真工作的医生高效得多。

当然，用人工智能来辅助诊断，并非要在所有领域都超过顶尖医生，而是可以给经验不足的医者提供帮助，减少误诊的发生。人工智能还可以帮助医生提高判读医疗影像、病理化验结果的效率，让医生节省更多的时间用在服务病人上。医学影像是较为重要的诊断依据，医疗行业 80% ～ 90% 的数据来源于医学影像，临床医生往往都有着极强的影像需求，他们需要对医学影像进行定量分析、历史图像比较等。让人工智能参与医学影像诊断，即通过深度学习完成对影像的分类、目标检测、图像分割和检索工作，协助影像技师和医生完成成像、病灶筛查、靶区勾画、脏器三维成像、病理分析、影像定量分析等工作。这对于缺乏高水平技师的基层医院来说，是十分有益的，甚至可以让没有经验的基层医生得到和三甲医院一样的医学影像，如图 6-23 所示。

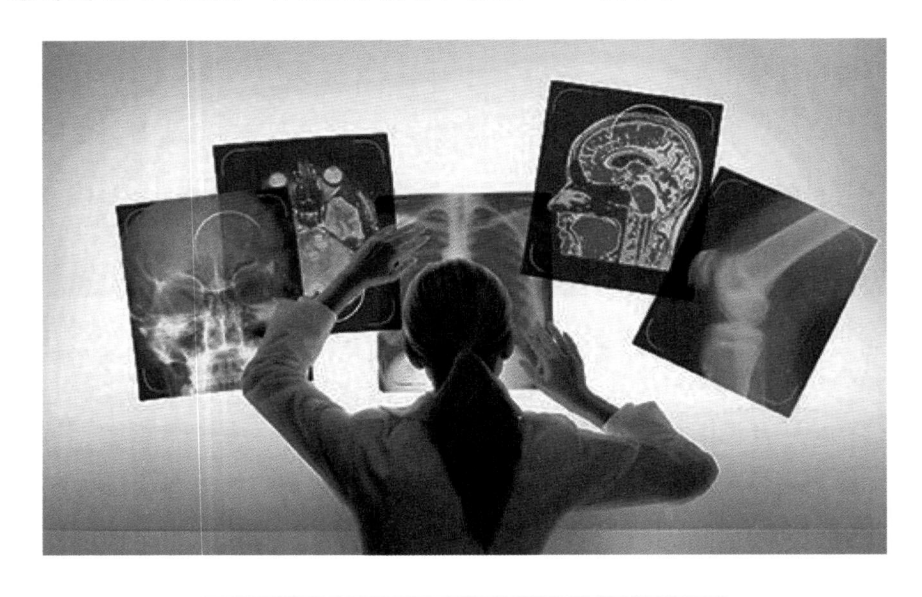

图 6-23　医生影像诊断

机器人手术已经普遍存在于疾病治疗中，机器人做的手术更加精准、细致，且机器人不会因疲劳而影响手术效果等，如图 6–24 所示。

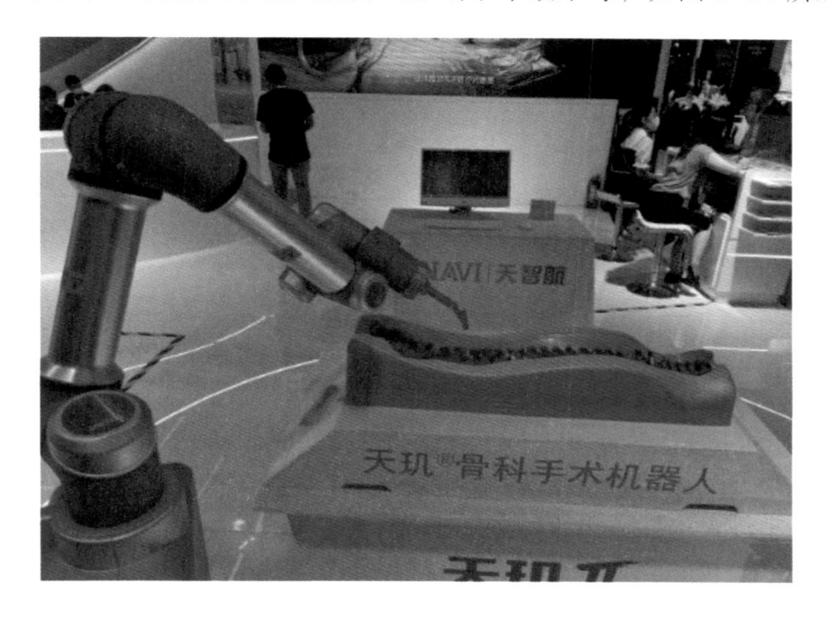

图 6–24 骨科手术机器人

3. 基因检测

近几年，基因技术突飞猛进，伴随而来的基因检测逐渐应用在医疗中。基因检测是通过 DNA 扫描，对身体进行一次分子解读，发现许多隐藏在健康身体下的患病风险，从而进行规避。美国每年约有 500 万人做基因检测，未来中国基因检测市场将深不可测，将人工智能技术应用于基因检测更是大势所趋。基因检测中的基因解读是目前基因技术一直无法突破的瓶颈。随着数据的不断积累，分析能力和大数据库是遗传解读和咨询的关键，信息的解读与整合成为基因相关企业的核心竞争力，而人工智能依靠其强大的数据处理能力和学习能力可以更好助力基因序列解读。

4. 医院管理

人工智能在医院管理上的应用主要包括医疗资源的优化配置和医院管理漏洞的弥补，如图 6-25 所示。传统的医院管理完全依赖人力完成，这使得医护工作者无法将全部的精力投入医疗工作，造成医疗资源的浪费。而人工智能能很好地弥补人工管理上的不足，如运用机器学习等方式根据医院已有信息进行建模，并不断自我更新；利用大数据对医疗资源进行宏观协调，提高医疗服务质量，减少医患矛盾。

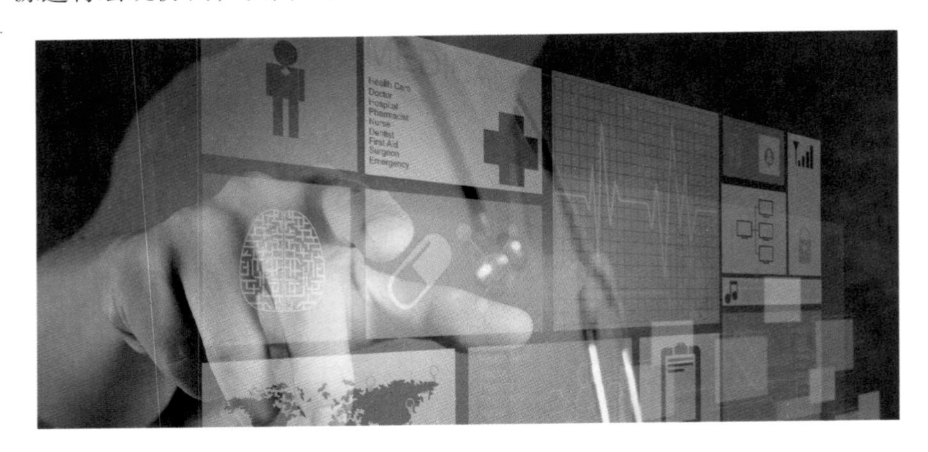

图 6-25　智能医院管理

在弥补医院管理漏洞方面，人工智能可以通过系统网络获得各大网站、社交平台、新闻媒体等渠道中客户对医院的评价，通过自然语言处理技术将非结构化的数据处理成能被系统识别的结构化数据，建立模型，整理分析出其背后的真实含义，最后将信息总结成可视化图标，呈现给管理者。

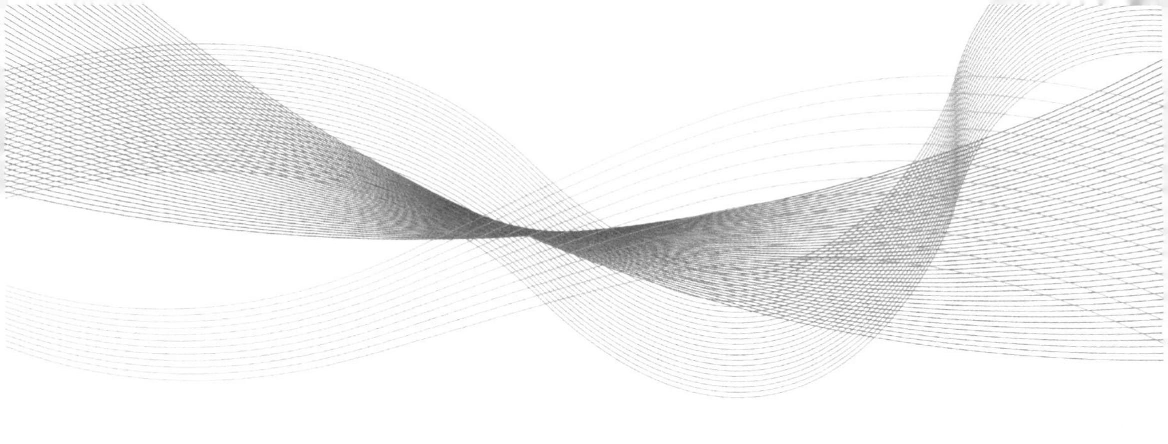

第七章　人工智能的未来发展

中国的人工智能研究领域的快速崛起引起了人们的关注。训练人工智能来察觉某种规律性所需的大量数据成为关注的焦点。中国研究人员最擅长的是抓住一个创意，如机器学习，产生研究成果的速度要比硅谷大多数地方快得多。

5G正在加速云计算、大数据、人工智能和物联网的应用，推动着整个社会走向数字化。5G通信技术方兴未艾，6G乃至未来通信技术的研究与探讨就已经摆上了台面。6G即第六代移动通信标准，主要目标就是促进物联网的发展。6G的传输能力可能比5G提升100倍，网络延迟也可能从毫秒级降到微秒级。那时候，我们的生活和生产将呈现出崭新面貌。

云计算的一大特点是支持异构设施的协同工作。基于云计算的数据中心，是通过基础设施即服务的构建模式，形成一个统一的运行平台，并按照应用需求来合理分配计算、存储资源，优化能源运作比例。

而在云计算支持下的智慧城市将通过物联网、云计算、大数据、空间地理信息集成等智能计算技术的应用，使得城市管理、教育、医疗、房地产、交通运输、公用事业和公众安全等城市组成的关键基础设施组件和服务更互联、高效和智能，从而为市民提供更美好的生活，为企业创造更有利的商业发展环境，为政府赋能更高效的运营与管理机制。

在半导体领域，中国一直没有停止赶超世界先进水平的脚步。2018年8月，全球首个7纳米芯片在杭州诞生，仅18个月就实现了量产。这是中国芯片成功反击的辉煌一刻，更是中国科技发展的历史一刻！

如今，智能识别技术已经应用到了生活领域，如眼球追踪、指纹识别、人脸识别、识别视网膜和虹膜等。

“智能自诊”就是AI＋诊疗模式。让AI机器人模拟临床医生问诊思维，与用户进行自然语言交互，智能采集用户病情信息，结合医学知识图谱和机器学习模型，智能监测用户健康情况。用户可随时随地进行健康自测，获取医疗知识，节约医疗资源。

精准医疗是一个新兴领域，它包括基因产前测试、为癌症患者定制医疗方案等方面。它可以收集遗传与卫生数据，研究如何辨认血液中的癌症标记，并开发利用可能拯救生命的信息。

阿尔法狗是一款围棋人工智能程序。其主要利用深度学习工作。阿尔法狗用到了很多新技术，如神经网络、深度学习、蒙特卡洛树搜索法等，使其实力有了实质性飞跃。它象征着计算机技术已进入人工智能的新信息技术时代（新IT时代），其特征就是大数据、大计算、大决策三位一体。它的智慧正在接近人类。

第一节　从“5G”到“6G”的发展

打开你的手机，屏幕顶部左侧或右侧显示的3G、4G标识，它代表的是“网络信号的强弱”，而且4G比3G下载电影、传输图片的速度更快。

3G、4G、5G分别代表对应的数字网络，G就是英文单词generation（代）的首字母，5G就是第五代移动通信技术（5th generation mobile networks），它是4G技术的延伸。图7-1是移动通信速率对比。

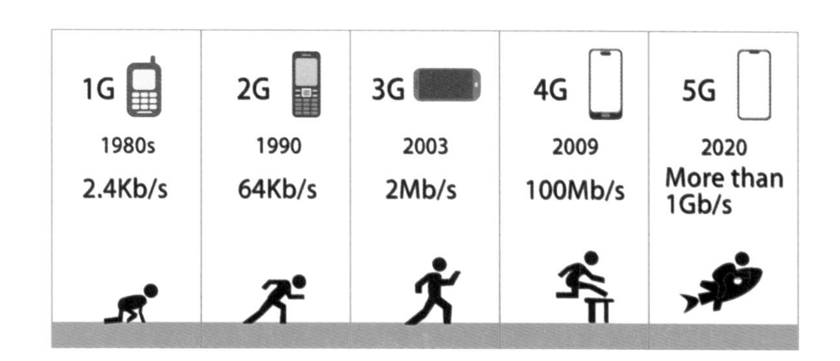

图 7–1　移动通信速率对比

在上图中，我们看到了从 3G 开始，手机网络速度进入了 MB/s 的时代，5G 则如乘着火箭进入了 GB/s 的时代。

不难看出，5G 的信息传输速度几乎是 4G 的十倍。如果下载一部 1GB 大小的电影，5G 可以在 1 秒钟内下载完成，而 4G 可能要 10 秒或更久的时间。

2015 年，国际电信联盟（ITU）定义了 5G 的三类主要应用场景：增强移动宽带（eMBB）主要面向高速率、大容量的数据传输场景，如超高清 3D 视频、虚拟现实与增强现实等；超可靠低时延类通信（uRLLC）主要针对智能驾驶、远程医疗等对网络可靠性及时延要求很高的应用场景；海量机器类通信（mMTC）支持大规模、低功耗传感器的接入和管理，主要应用于工业物联网、智慧城市、智能家居、环境监测等以传感和数据采集为目标的应用场景。

看到了吧，如今的 5G 实现了商业用途，使人工智能服务于国家的经济发展，服务于人的生活。

5G 的六大基本特点如下：

一是高速度。网络速度提升，用户体验与感受才能加深，网络才能面对 VR[①] / 超高清业务时不受限制，对网络速度要求很高的业务才能被广泛推广和使用。图 7-2 是移动通信功能对比。

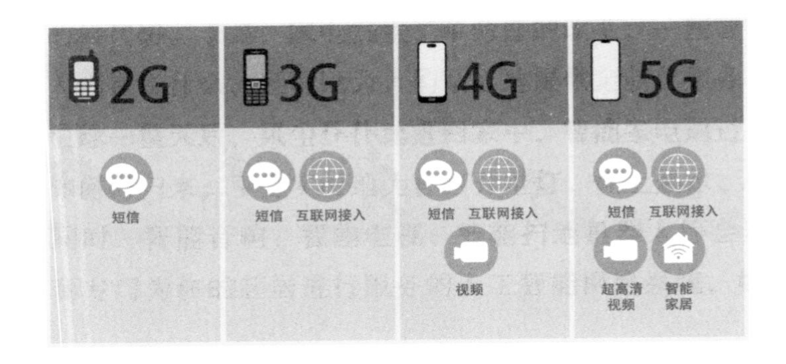

图 7-2 移动通信功能对比

二是泛在网。网络业务需要无所不包，广泛存在。泛在网在广泛覆盖和纵深覆盖两个层面发挥影响力。广泛是指在我们生活的各个地方大量部署传感器，进行环境、空气质量甚至地貌变化、地震的监测。纵深是指进入更高品质的深度覆盖，可把以前网络品质不好的卫生间、地下停车库等用 5G 网络广泛覆盖。

三是低功耗。5G 支持大规模物联网[②]应用，对功耗的要求较为苛刻。现今，所有物联网产品都需要通信与能源，虽然通信可以通过多种手段实现，但是能源的供应只能靠电池。通信过程若消耗大量的能量，就很难让物联网产品被用户广泛接受。如果能把功耗降下来，将能大大改善用户体验，促进物联网产品的快速普及。

四是低时延。5G 的一个新场景是无人驾驶、工业自动化的高可靠连接。5G 对于时延的最低要求是 1 毫秒或更低，可广泛用于无人驾驶、工

① VR，虚拟现实（virtual reality）的缩写，也称为虚拟技术、虚拟环境，是 20 世纪发展起来的一项全新的实用技术。

② 物联网，是基于互联网、传统电信网等信息承载体，让所有能行使独立功能的普通物体实现互联互通的网络。

业自动化。

五是万物互联。在传统通信中，终端是非常有限的。在固定电话时代，电话是根据人群来定义的。到了手机时代，终端数量增多，手机是按个人应用来定义的。到了5G时代，终端不是按个人应用来定义，因为每人可能拥有数个终端。

六是重构安全。传统的互联网要解决的是信息速度、无障碍的传输，自由、开放、共享是互联网的基本精神，在5G基础上建立的是智能互联网——一个安全、管理、高效、方便的社会和生活的新机制与新体系。人们普遍使用的手机付费功能，就是建立在这样的安全保障之上。

这还远远不够！

5G正在加速云计算、大数据、人工智能和物联网的应用，推动着整个社会走向数字化。5G通信技术方兴未艾，6G乃至未来通信技术的研究与探讨就已经摆上了台面。

6G即第六代移动通信标准，也被称为第六代移动通信技术。其主要目标是促进物联网的发展。6G的传输能力可能比5G提升100倍，网络延迟也可能从毫秒级降到微秒级。

6G将在公共安全和关键资产保护方面产生重大影响，如威胁检测、健康监测、特征和面部识别、在执法和社会信用系统等领域的决策、测量空气质量、气体和毒性传感以及智慧城市[①]、自动驾驶、虚拟现实和增强现实等，这些都会在5G的基础上有新的演进与新的应用。

6G的极化码[②]传输理论和技术、massive MIMO技术[③]、人工智能信号处理技术、意念驱动网络、面向人—机—物—灵融合的网络架构、认知增强与决策推演的智能定义网络关键技术、安全可靠的网络传输技术，能够

① 智慧城市，是指利用各种信息技术或创新概念，将城市的系统和服务打通、集成，以提升资源运用的效率，优化城市管理和服务，以及改善市民生活质量的管理手段。

② 极化码，是一种新型的编码方式，它可以实现对称二进制输入离散无记忆信道和二进制擦除信道的容量代码构造方法。

③ massive MIMO技术，是大规模多路输入多路输出技术，也叫大规模天线技术。

满足人类更深层次的智能通信需求，实现从真实世界到虚拟世界的延拓。

到那时，我们将拥有更快的网络速度，6G 的峰值传输速度高达 100Gbps ～ 1Tbps，理论下载速度可达每秒 1TB。

到那时，会有更广泛的信号覆盖。据专家分析，6G 网络致力于打造一个集卫星通信、地面通信、海洋通信于一体的全连接通信世界（图 7-3），无人区、沙漠、海洋等如今移动通信的“盲区”将有望实现信号覆盖。此外，在全球卫星定位系统、电信卫星系统、地球图像卫星系统和 6G 地面网络的联动支持下，地空全覆盖网络能帮助人类预测天气、快速应对突发自然灾害。在海洋科考、外太空探测等科研项目中，6G 具有巨大的应用潜力。

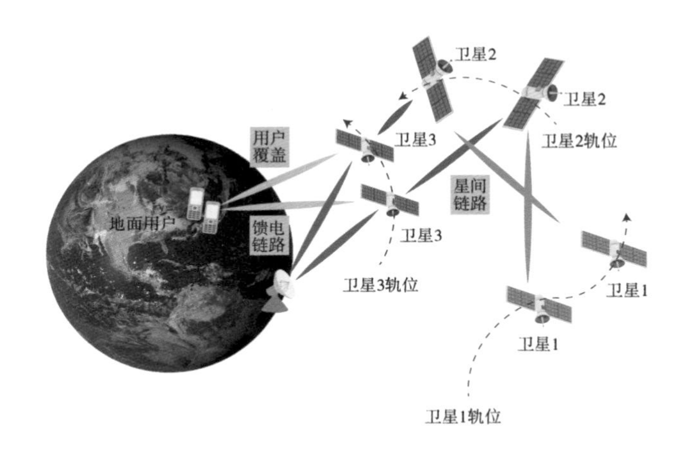

图 7-3　6G 移动通信技术示意图

到那时，我们会享受更便捷的出行服务。目前，我国已拥有 600 多万个 4G 基站，5G 基站的数量是前者的 10 倍，6G 基站可能会建得更密。如今，地面基站大多架设在建筑物顶部，6G 网络要实现地面基站与卫星、无人机的通信，基站不仅要面向地面，还要面向空中进行信号传播。搭载 6G 技术后，交管部门可以更加及时地获取相关路段的车辆、行人等信息，从而对拥堵路段进行疏通，确保行人通行效率。此外，自动驾驶公交、飞行汽车等转变为现实，也需要移动通信、物联网、云平台等提供支持。

到那时，我们将会有更高效的城市管理。智慧医疗、智慧教育、智慧建筑、智慧社区等的背后，离不开各种数据的交换、共享及应用。6G通信技术的出现和应用，将充分调动城市建设的活力，让各项公共事务的管理变得更加高效和有效。

这一切都是愿景，虽然在某些方面已经有了不小的突破，但是6G的发展还需要继续斩关夺隘、九转功成。

在《中国移动6G网络架构技术白皮书》中，中国移动首次提出并分享了“三体四层五面”的6G架构设计（图7-4）。

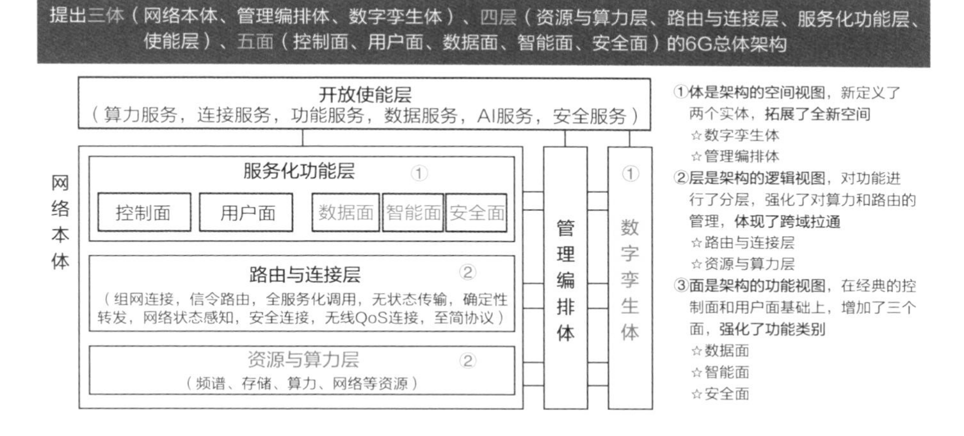

图7-4 “三体四层五面”6G总体架构

其中，“三体”为网络本体、管理编排体、数字孪生[1]体；“四层”为资源与算力层、路由与连接层、服务化功能层、开放使能层；“五面”为控制面、用户面、数据面、智能面、安全面。在总体架构设计的基础上，

① 数字孪生，是充分利用物理模型、传感器更新、运行历史等数据，集成多学科、多物理量、多尺度、多概率的仿真过程，在虚拟空间中完成映射，从而反映相对应的实体装备的全生命周期过程。

该白皮书进一步提出了架构实现的孪生设计、系统设计和组网设计。通过数字化方式创建虚拟孪生体，实现具备网络闭环控制和全生命周期管理的数字孪生网络架构（DTN）。通过服务定义端到端的系统，实现全服务化系统架构（HSBA）。在组网上，实现具有分布式、自治、自包含特征，支持按需定制、即插即用、灵活部署的分布式自治网络（DAN）。

但仍有很多问题存在争议，并需要持续讨论、攻关和迭代。此外，有人对未来的6G产业发展提出了一些建议。

首先，架构创新将是6G的核心创新之一。空口传输性能逼近香农极限[①]，无法依靠单一技术提升性能，需依靠多种技术的融合和网络架构的创新来提升整个系统效能，提供更加极致的业务体验。

其次，6G架构需形成全球统一的网络架构，需形成全球统一的网络架构标准化共识。同时，要加快6G网络需求迭代，促进6G架构尽快完善。最终实现如全息通信、元宇宙[②]、通感一体、感官互联、智慧交互、空天地海一体全域覆盖等。

另外，支撑6G架构的核心技术需要持续研发。DOICT[③]的新要素为新一代移动网络架构设计注入强劲动力。为了支撑架构发展，分布式协议技术、DHT数据库技术、确定性网络技术、至简网络技术、算网一体技术需要加快发展。

---

① 香农极限（或称香农容量），指的是在会随机发生误码的信道上进行无差错传输的最大传输速率。这是通信领域最为基本的理论指标。

② 元宇宙，是一个虚拟现实空间，用户可在其中与科技手段生成的环境和其他人交流和互动。

③ DOICT，是指融合，融合并升华其他产品的功能。

第二节　中国云计算和智慧城市

人类历史上发生了五次信息革命。第一次信息革命诞生了语言，人类学会了用语言来记录信息；第二次信息革命诞生了文字，人类以文字突破信息的时空界限；第三次信息革命诞生了造纸术和印刷术，改变了信息的存储载体和方式；第四次信息革命诞生了电话、电报、广播、电视，这使得信息革命进入一个崭新的历史阶段；第五次信息革命诞生了计算机，而我们正处于这次革命的浪潮中。

有人将云计算喻为第六次信息革命的开端，可见云计算在人类历史文明中意义何其重大。云计算是一种将所有的应用部署到云端，充分使用互联网的渗透性和扩展性，与移动互联装置完美融合的虚拟化超级资源服务。“云”是网络、互联网的一种比喻。云计算拥有每秒 10 万亿次的运算能力，可以轻松模拟核爆炸。云计算还可以摆脱硬件、软件的更新问题，用户只需要按照自身需求支付相应的费用，软件的更新、资源的扩展都将自动完成。

一、云计算的特点

究竟怎样的计算才称得上云计算？在信息社会，云计算能提供怎样的超体验服务？事实上，云计算具有一定特点，如大规模、分布式、虚拟化、高扩展性、按需服务、网络安全等，如图 7-5 所示。

图 7-5　按需服务的云计算

1. 大规模、分布式

“云”一般具有相当的规模，如 Google、Amazon、微软、阿里巴巴等都拥有上百万级的服务器规模，而依靠这些分布式服务器构建起来的“云”能为用户提供前所未有的计算能力。

2. 虚拟化

目前，我们所使用的智能设备，一般需要借助一个硬件平台如手机，再逐一购买或配置一些所需要的应用软件，然后才能借助软件对外服务。而云计算是一种摆脱了硬件实体的服务系统，用户只需在云服务提供商那里注册一个账号，通过账号登录到控制台去配置所需的服务，就可以让这些应用对外服务了。而且，用户还可以随时随地通过移动终端来掌控这些资源，就像是云服务提供商为每一个用户都量身打造了一个网络数据中心。

3. 高扩展性

云计算供应商采用数据多副本容错、计算节点同构可互换等措施来保障云服务的高可靠性。除此之外，“云”的规模还可以动态伸缩，以此来满足应用和用户规模增长的需求。

4. 按需服务

云计算是根据用户的使用量来进行精确计费，这就让它具有了按需服务的特点，能大大节省 IT 成本，资源的利用率也将得到明显提高。

5. 网络安全

第五次信息革命到来以后，网络安全就成为人人不得不面对的问题，来自网络的恶意攻击，就连专门的 IT 团队都难以应对，更不要说个人用户了。而云计算可以借助更专业的安全团队来有效规避网络风险。

二、云计算在智慧城市中的作用

随着人类社会的发展和城镇化的推动，未来城市将承载越来越多的人口。为了解决城市难题，实现城市的可持续发展，建设智慧城市已是迫在眉睫。

智慧城市是指运用现代通信技术和计算机技术感知、分析、预测、整合城市运行过程中所涉及的核心信息，从而对城市中包括民生、环保、公共安全、城市服务、工商业活动在内的各种需求做出智能响应，实现城市的智慧式管理和运行。

智慧城市不仅仅停留在理念上，它已经在国内外许多地区得到了应用，如中国的上海（智慧上海）（图 7–6）、新加坡（智慧国计划）、韩国（U–City 计划）等。智慧城市建设必然是以信息技术应用为依托的，可以说智慧城市是城市信息化的高级阶段。因此，有人定义智慧城市是新一代信息技术支撑的创新型城市形态。智慧城市通过物联网、云计算等新一代信息技术，实现全面而透彻的感知，以及城市的可持续创新。智慧城市是基于知识社会环境下数字城市之后信息化城市发展的高级形态，如图 7–7 所示。

图 7-6 上海斩获智慧城市“奥斯卡”

图 7-7 云计算下的智慧城市构想

如果将云计算应用在城市运行中，就是运用先进的信息技术，进行资源联网整合，从而实现城市的智能化运行管理。举个例子，一座拥有一万个交通红绿灯，且其他基础设施健全的二线城市，在上下班高峰时，几乎每个路段都会迎来大堵车。届时，交通红绿灯已经不能发挥原本的作用，需要交警或辅警亲自协调交通。这是因为，在传统的管理方式下，红绿灯根据预设的程序进行交通指挥，这个程序不会因为上下班而发生改变，一旦车流量暴增，就会暴露出很大的弊端。很多时候会出现某个红绿灯下车流积压排起了长龙，而前方几千米的道路却是畅通无阻，甚至通过的车辆寥寥无几。这是因为每个红绿灯各自为政，没有形成统一的管理网络。也就是说，该座城市的一万个红绿灯都只按照自己内置的程序变灯，没有考虑自己周围的设施，没有发挥协同作用。

另外，交通信号灯都是内置固定的变灯流程，不会感知当前的车流量动态，更不会根据当前车流量动态而调整变灯流程。

而云计算可以轻松解决这一问题。当交通系统引入云计算，就可以结合历史交通数据进行大数据分析，在海量资源的前提下进行合理预测，并制定恰当的分流方案，从而下发到全市的信号灯协调指挥系统中。这时，所有的交通信号灯都实现了联网，由信号灯协调指挥系统统一指挥，发挥协同作用（图 7–8）。安装在各路口的摄像头会将实时流量进行实时上报，大数据系统则会统一分析校正，从而给出指挥方案，并实时反馈给信号灯协调指挥系统，再下发到各个红绿灯。这样一来，交通信号灯就不会因为车流高峰而导致系统崩溃。

图 7–8　路口调度模拟

智慧城市可以借大规模的基础软硬件管理进行资源调度管理，最后实现高效、安全、可调控的智慧城市管理，而这一过程还能最大限度地节能降耗，减少城市资源的浪费，实现城市的可持续发展。

第三节　更具智能的中国芯片

全球芯片短缺的话题已经不止一次地出现在新闻头条。原材料的紧张、芯片巨头的垄断，越来越多的新兴行业加入芯片抢夺战……如果说这些是导致全球芯片短缺的客观原因，那么中国始终无法上芯片制造行业的牌桌则有一部分自身的原因，直到 2018 年，中国研发出了首个 7 纳米芯片。

7 纳米是什么概念？一根头发丝的直径是 0.1 毫米，7 纳米相当于头发丝的万分之一。7 纳米芯片是指芯片采用 7 纳米制程，线宽最小做到 7 纳米的尺寸，还可以在芯片中塞入电晶体，使芯片运算耗能更低、效率更高。7 纳米芯片虽然结构单一，无法与苹果、高盛等芯片相比，但它的诞生仍然意义非凡，至少代表了中国在制造芯片方面有能力、有实力，赶上芯片巨头只是时间问题。

7 纳米芯片（图 7-9）只出现了 18 个月就实现了量产，而中国下一个目标已经瞄准了更高性能的芯片——人工智能边缘计算芯片。

图 7-9　纳米级芯片

近年来，人工智能技术已经离我们越来越近，尤其随着各类智能设备如智能汽车、智能家电等走进卖场、走入生活，人工智能仿佛从“神坛”走向了“边缘”。2022年，世界人工智能大会的召开，更预示着越来越多的芯片企业已经加强了边缘智能领域的战略布局，如图7–10所示。

图7–10 芯片在人工智能领域的应用

一、AI处理由云端向边缘迁徙

人工智能自初启到如今，都被认为是一个高端的核心的信息技术产业，这让很多企业认为人工智能最适合的位置是在云端，于是大量的企业将数据迁移至“云”，利用云计算来承载更重要的人工智能开发。然而，随着数字化的深入发展，边缘与终端所采集的数据量呈指数级增长，对云服务器有了更高的要求，如实时响应等，这就迫使人工智能不得不向边缘计算延伸了。

AI处理能力的确需要扩展至边缘，因为越是丰富的数据越产生在边缘，这才能使得云计算的分布式智能处理有用武之地。AI边缘处理能提升安全性，保护隐私，还能够侦测恶意软件和可疑行为，这对于大规模共享环境来说意义重大。这种处理方式更有利于AI应用规模化部署，整体提升云端的智能。

简单来说，当实时响应和低延时成为至关重要的技术关卡时，就不得不依靠边缘计算架构，这是在为将来各行各业的智能化发展提供最大的算力支持。未来几年内，将会有一半以上的数据在传统数据中心之外产生，这意味着更多的数据智能处理将在终端和边缘完成。

二、人工智能的边缘计算芯片

人工智能的重心在向边缘侧迁移的过程中，越来越多的芯片厂商也将芯片的研发重心倾向了边缘计算。当英特尔等国际厂商在云端AI芯片上竞争得头破血流时，我国芯片厂商已经在边缘AI芯片上悄悄取得了不小的突破，如华为推出的昇腾系列AI处理器、阿里平头哥推出的含光系列AI芯片、昆仑芯科技推出的昆仑芯系列芯片等。

另外，需要特别指出的是，爱芯元智芯片公司所推出的视觉感知芯片展示了边缘侧AI芯片在智慧城市、智慧交通等领域所做出的努力。近年来，边缘侧AI技术的引入大大提升了图像、视频画质的处理能力，如在夜景下智能检测车辆盲区的一切障碍物并进行预警等。

三、智能芯片在自动驾驶上的应用

近年来，越来越多的智能产品涌入芯片抢夺战中，游戏机、比特币机、智能手机、新能源汽车、蓝牙耳机、无人机等，几乎到了“无芯片不AI”的地步。的确，以AI芯片为载体实现的算力是衡量人工智能发展水平的重要标准。芯片产业是信息产业的核心，在中国人工智能产业链中，应用层企业所占比例高达80%，而自动驾驶是AI应用的主要方向，边缘芯片会随着自动驾驶的普及而持续增长。

在自动驾驶领域，算力已成为核心驱动力。在此趋势下，通过车云协同可以实现数据闭环和AI模型持续优化。所谓车云协同，即车端与云端共同处理问题，即云端与边缘联手。在云端，应当拥有训练芯片和集群产品；在车端，可提供车载智能芯片和计算平台，通过双方协作，便能实现车端数据的快速回传，以及 AI 模型快速迭代。

目前，在车载智能驾驶 AI 芯片领域，黑芝麻的华山系列车载智能驾驶芯片能满足 L2 级以上的自动驾驶功能的算力需求，与多家合资企业形成了产业链合作伙伴关系；地平线的征程系列 AI 芯片已搭载多款量产车实现了自身突破。

第四节　智能识别向着更智能方向发展

智能识别技术是人工智能研究领域的核心技术之一，目前所开发的语音识别系统、指纹识别系统、人脸识别系统已经得到社会面的普及，无论是手机解锁还是安防系统，乃至乘坐公共交通工具出行，“刷脸”已经无处不在。然而，目前的识别系统其实还算不上真正的人工智能识别系统，它们大多只是单纯地将人类的生物信息如指纹、脸部、虹膜特征记录到数据库中，一旦数据库的信息被他人窃取并进行盗用，系统是无法做出甄别的。因此，未来的智能识别系统所要攻克的难题就是开发出能真正做出甄别的智能识别系统。将这样的系统应用在安防中，它就能轻而易举地区分谁可以进入，谁不可以进入，哪怕一个做过整形手术的人，也能轻松予以分辨。要想实现真正的人工智能，科学家似乎还要走很长一段路。

一、中国智能识别技术发展历程

智能识别技术随着人工智能研究领域的开发，经历了机器识别、半自动化识别、非接触式识别和互联网应用四个阶段，如图 7-11 所示。人脸识别最初在 20 世纪 60 年代开始，20 世纪 90 年代进入真正的初级应用阶段，发展至今，技术水平已经达到较高的程度。智能识别除了我们所常见的指纹识别和人脸识别，还有很多不常见的，如掌纹识别、虹膜识别、视网膜识别、静脉识别、语音识别、体型识别、键盘敲击识别、字迹识别等。

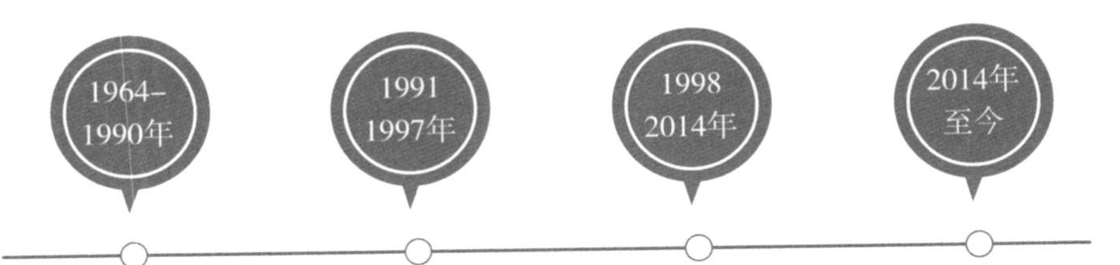

第一阶段，机器识别：研究人脸识别的面部特征，没有实现自动识别。

第二阶段，半自动化：主要研究人工算法识别。

第三阶段，非接触式：主要研究鲁棒性，如光照、姿态。

第四阶段，互联网应用：会提检验技术成熟，大面积推广应用。

图 7-11　人脸识别技术的发展阶段

2010 年，人脸识别不再是一项高深的技术，开始走向平民化和个人化，无论是手机支付还是美颜相机，都将人脸识别技术应用得淋漓尽致。2017 年，苹果公司推出了 iPhone X，第一次将人脸识别应用在手机智能解锁上。短短几年时间，短视频、直播频频出现人脸识别，影视剧也出现了 AI 换脸，智能识别技术仿佛已经抵达了顶峰。目前，人脸识别急需解决的难题是在不同场景以及脸部遮挡的情形下如何保证识别度的问题。人脸识别相比指纹识别、虹膜识别等传统生物识别方式，拥有非接触性、非侵扰性、硬件基础完善和采集快捷便利的特点。在复杂环境下，人脸识别的精准度问题一旦得到解决，人脸识别就会在智能识别领域取得突飞猛进的发展。

2014 年，中国人脸识别技术从理论走向了应用，2018 年到 2020 年便实现了人脸识别技术的全面应用。2018 年以来，中国人脸识别技术发展迅猛，相关行业申请专利的数量逐年提高。2018 年，我国人脸识别行业专利申请量为 3 487 项，与上年相比，同比增长 93%，预示着中国的“刷脸”时代正式到来，如图 7-12 所示。

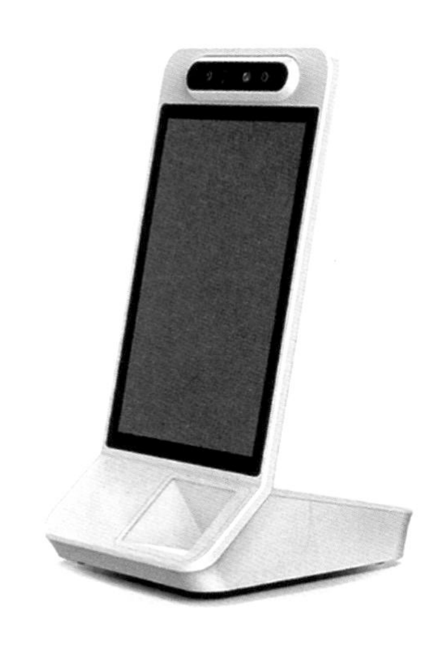

图 7-12 “刷脸”时代

目前，中国的智能识别技术主要应用在考勤和门禁、安防、金融三大领域，其中考勤和门禁占 42%，安防占 30%，金融占 20%。从具体应用来看，智能识别应用在公共安全、信息安全、商业企业、场所进出等方面，如刑侦追讨、罪犯识别、边防安全、计算机网络的加密、电子政务、电子商务、电子货币和支付、门禁管理等，如图 7-13 所示。

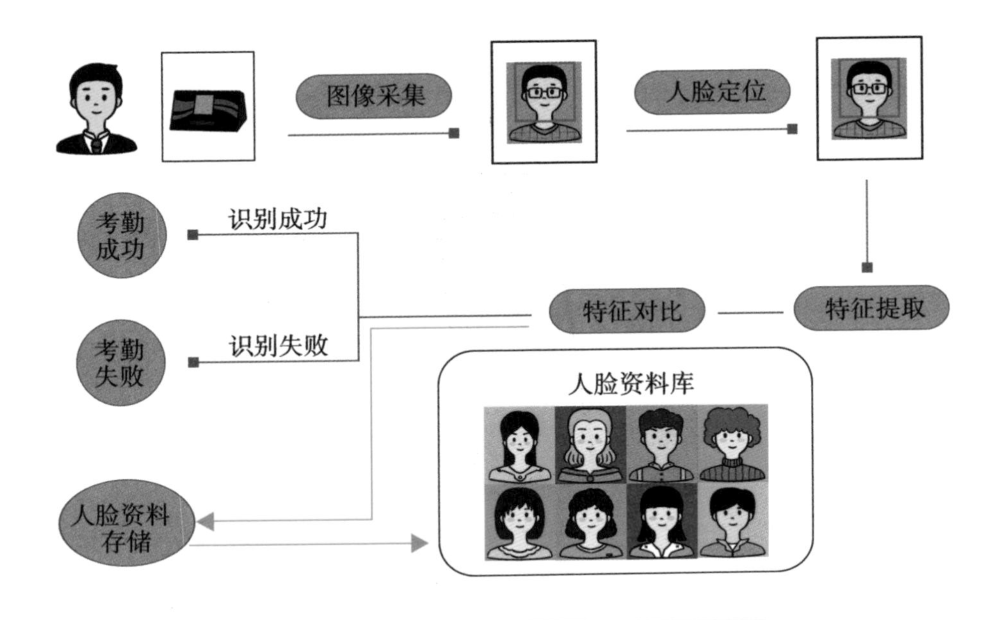

图 7-13　智能识别系统操作模式

当前，智能识别越来越多渗透在日常生活中，如行人闯红灯也用上了人脸识别技术。随着智能识别技术的普及，闯红灯也进入了“刷脸”时代。在行人闯红灯时，抓拍系统会对闯红灯的行人进行抓拍，并将数据上传至大数据侦查实战中心进行身份核实，而后通过电子屏对违纪人员予以实时曝光。

金融行业是广泛应用智能识别技术的一个行业，银行里刷脸办卡、刷脸取款等已经屡见不鲜，该技术既保证了人们的财产安全，也使银行办公变得更为高效。

二、智能识别技术未来发展趋势

真正的人工智能是让机器可以像人类一样思考，进行推理，甚至可以人机对话，从而代替人类从事更加复杂烦琐的脑力劳动，解决很多人类无法解决的问题。尽管我国已经进入“刷脸”时代，但这还不足以证明我们已经在识别技术上获得真正的智能。真正的智能识别系统不仅仅是表面上的识别，它还应具备一定的推理能力，能与人进行交流，通过交流来识别眼前的人是否符合安全标准。从这方面来说，包括智能识别技术在内的人工智能仍然存在广阔的发展前景。

试想一下，如果智能识别系统具备了人机交互和深度学习能力，那么无论多么高明的伪装，它都能通过自己的判断甄别出来，然后发出预警。在刑侦方面，人们只需要将一些基本线索提供给智能识别系统，它就可以根据这些线索进行分析推理，发现人类所不能发现的细节，从而侦破案件，大大提高公安系统的办案效率和准确率。

如果识别技术能更加智能，在安防上也可以大展拳脚，如可以将情感识别融入监狱的安防系统，一旦发现某个犯人的情绪和行为出现异常，就可以推断出其有可能发生越狱行为，从而及时阻止犯人的出逃行为。

在普通的个人物品解锁方面，如果识别技术能更加智能，就不会出现盗取电脑资料、盗取人脸进行非法支付等行为了。现在的智能识别技术仅限于数据识别，只要不法分子拥有了你的数据，就可以随便进入你的账号进行非法操作。而更加智能的识别系统就不同了，它可以像人脑一样进行判断，哪怕是把电脑的主人强制性带到电脑前，只要它识别出主人是非自愿的，那么系统就不会让他进入。这样的人工智能系统应用到军事领域，则会对国家的安全起到更大的保障作用。

智能识别系统未来必然会向着更加智能的方向发展，任重而道远，目前来看，可以结合三维测量技术、大数据领域努力。三维测量技术也就是 3D 打印正好能弥补 2D 投影在人脸识别上的缺陷，包括人脸遮挡、旋转、相似度等在内的难题都将得到不同程度的解决。大数据是人工智能发展的重要依托，如公安部门将大数据引入人脸识别，就很好地弥补了传统技术难点，通过人脸识别技术使得这些照片数据再度存储利用，从而大大加强公安信息化管理和统筹，这将成为未来人脸识别的主要发展趋势。

第五节 人工智能赋能中国新工业

2018 年，国际机器人联合会针对年度机器人手臂的出货量发布了一份最新报告，报告显示全球工业机器人手臂的出货量高达 38.4 万件，创历史新高，其中中国以 35% 的占比成为最大的机器人手臂需求市场。

长期以来，工业对人工智能的需要仅限定在汽车、电子等高精技术产业，即使是自动化程度最高的汽车制造业，离所谓的智能化全景操作仍然很远，像汽车组装这种劳动强度较大的工作依然是手工完成的。这是因为，尽管科技进步很快，但人类仍然要比机器人灵巧且智能得多。如在组装环节，把所有的零件放在同一个工具箱中，让机械臂从工具箱中取出并进行装配。如果每个零件都能放在固定的位置和角度，那么这项操作很容易。相反，如果工具箱中的零件变得杂乱无章，机械臂对此将会一筹莫展，如图 7–14 所示。

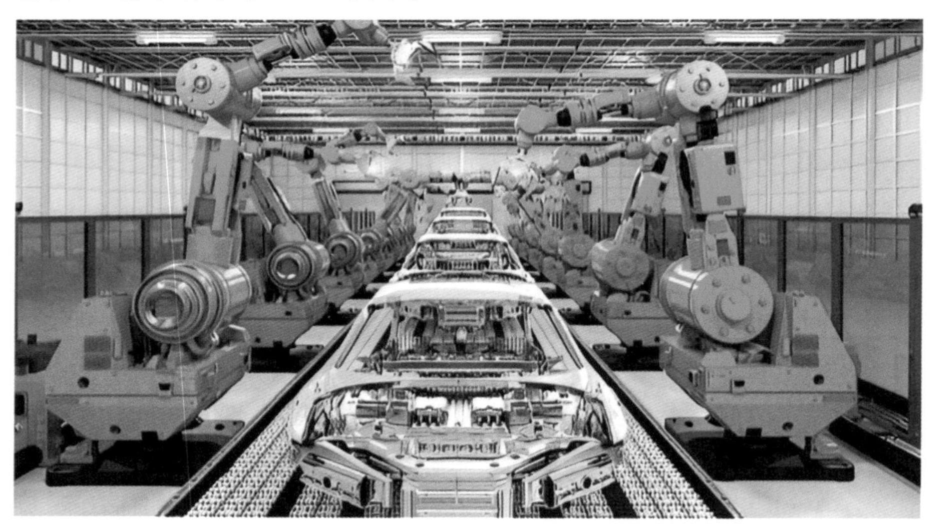

图 7–14 制造流程智能化

如今，这种局面将因人工智能机器人和深度学习等新技术的开发而得到改变。人类之所以能从杂乱无章的工具箱中精确找出相应的零件，是因为他能根据大脑反馈给自己的视觉和触觉信号来调整动作。由于每次拾取和放置的过程都不一样，使得固有的自动化编程毫无用武之地。而深度学习可以让机器从多次尝试中总结出所有的动作角度和力度，从而变得像人一样灵活、智能。这个原理与阿尔法狗战胜李世石的原理是一样的，我们有理由相信，在不久的将来，很容易看到农业、仓储等行业智能机械臂熟练作业的身影。

在过去，传统机械臂只能重复执行工程师编写的程序，环境或流程一旦发生变化，它将无所适从。而如今机械臂拥有了人工智能，可以进行学习，从而完成复杂的任务，这对于未来的工业制造来说显然是一个重大突破。

一、人工智能赋能制造业，促进新经济增长

中国是超级制造大国，但传统的制造行业主要依赖庞大的劳动力资源，随着人工费用的增加，制造成本越来越高，这让制造企业的优势逐年消失。有研究发现，人工智能的应用可为制造商降低 20% 的成本。至 2030 年，因人工智能的应用，全球将新增 15.7 万亿美元的 GDP，其中中国将占 7 万亿美元。

中国制造业在未来几年将全面转型升级为人工智能机器制造。低技术含量的工作将由人工智能完成，如一些重复性、规则性、可编程性较高的工作将逐步由工业机器人完成。另外，人工智能也使得整个制造流程更具智能化，从研发到生产、从仓储到运输等各个环节将因互联网叠加起来，届时将涌现更多高质量的就业岗位，拉动新经济的增长。

二、人工智能助力产业模式创新

传统的产业模式为流水线生产，企业在竞争策略上只能从产品多样

化和成本控制入手。长此以往，出现产品形式冗繁而无个性化创新的弊端，导致产品无新意而呈现供大于求的局面。产品过剩程度越高，价格越低廉，库存压力越大，最终庞大的库存拖垮了企业。

这种模式必须得到改善。在人工智能技术的引领下，客户需求管理能力则会得到提升。产业从以产品为中心转向以用户为中心，大规模生产转向规模化定制生产，生产者主导的经济模式转向消费者主导的经济模式。简而言之，人工智能下的新产业模式，将会是满足消费者个性化需求的产业模式，企业不再依靠规模经济来降低成本，如图 7–15 所示。

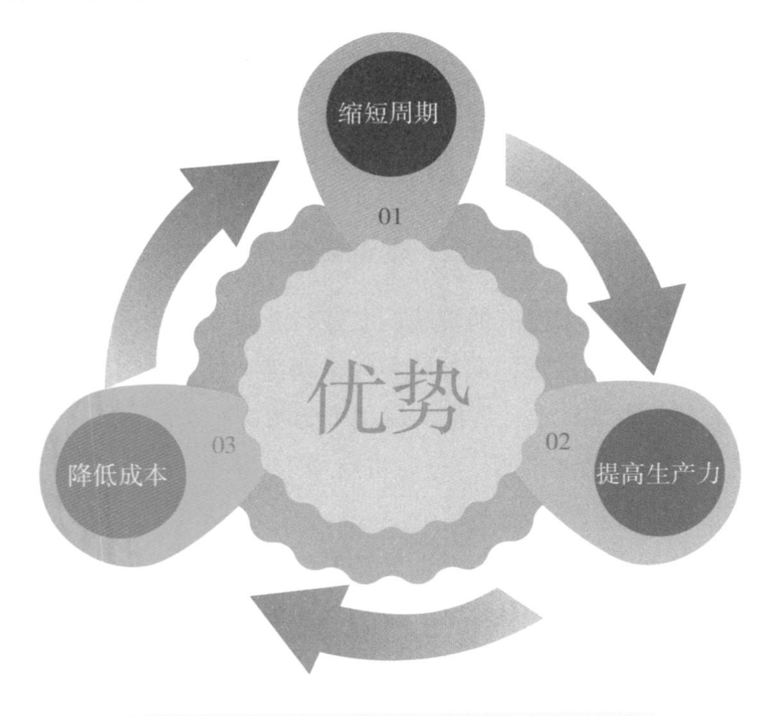

图 7–15 人工智能助力产业优势

三、抢占新工业革命的“智”高点

一直以来，中国的工业以制造业抢占市场份额，而在技术研发、产品设计、高附加值服务等方面并无任何优势，也无法凸显出其价值。如今，借助人工智能，中国可以向着产业价值链制高点冲刺。

在产品设计方面，人工智能可以大大缩短产品设计周期。它根据目标设定，利用算法探索各种可能的设计方案。

在生产制造方面，人工智能可以自身优势为制造业提供视觉监测、智能化校准等服务，一旦出现问题，还可以进行自动化控制、分析问题根源，提出解决方案，如图 7-16 所示。如在传统工业场景中，判断机器是否出现故障，往往靠经验丰富的电力巡检师傅去"听诊"，通过变压器发出的异常声响来判断它的问题根源。然而，人耳监测的缺点是无法 24 小时全天候监测，且经验往往对检测结果产生极大影响。而运用人工智能的算法系统，这些问题都将迎刃而解，如声纹识别技术在教育、医疗等领域展现出良好的应用前景。

图 7-16　人工智能统筹设计解决方案

在高附加值服务方面，人工智能可以协助产业实现制造、管理和商业模式上的创新，推动制造业企业以创新提升核心竞争力。

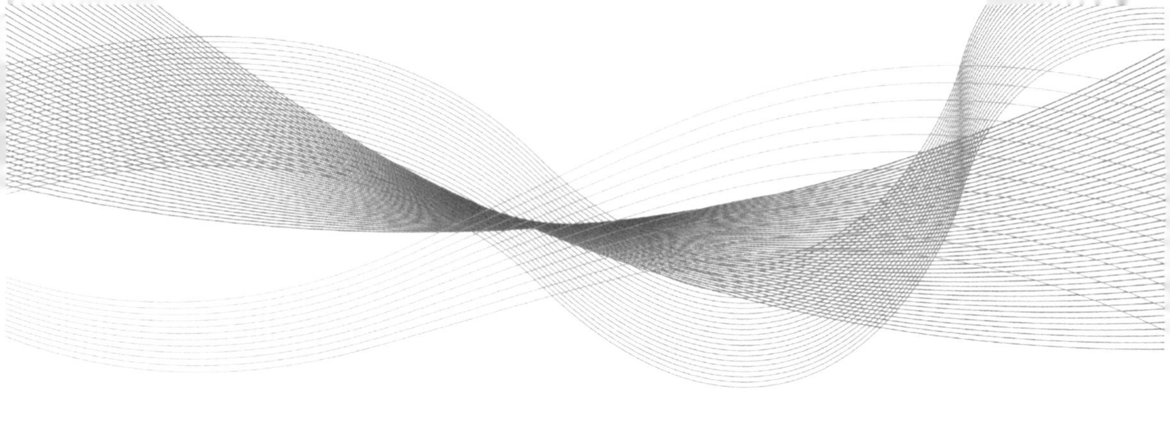

第八章　新发展·新的使命

人类历史文明的发展是建立在工业技术的进步上的。人类文明的进程，随着工业革命的脚步逐步进入加速度的状态。第一次工业革命，瓦特（Watt）改良了蒸汽机，蒸汽机的动力终于取代了劳动力，至此人类结束几千年的人力时代；第二次工业革命，以发电机的诞生为标志，电能的应用提高了生产效率，人类工业再上一个台阶；第三次工业革命，以晶体管计算机的问世为标志，人类进入了高速发展的信息时代，发展至今，世界成了我们现在所看到的模样。有人说，第四次工业革命已经悄然而至，就是以人工智能为代表的新时代。新时代意味着新商机，企业不会关心将有多少员工被迫失业，它们只知道，只有牢牢抓住商机才能赢得发展先机。

作为个人，可以预见的是，当人工智能时代全面到来，不只是一些简单的机械工作由人工智能完成，那些富有创造性的工作也会由人工智能完成。届时一定会迎来大面积的失业潮，但我们也不必太过悲观，不破不立，破除旧有是为了迎来更多的生机，当人类将全部的精力放在技术创新上时，必然会创造出更多的工作岗位。就像过去几次工业革命一样，淘汰的只是落后的生产方式和不思进取的人，当我们以积极、进取的心态去迎接未来挑战时，必然会收获一个更为高效、便捷的全新时代。

第一节　人工智能进行时，企业何去何从

一、科技巨头布局人工智能产业

自从阿尔法狗证明了人工智能的强大实力后，已有多家科技巨头表示要在人工智能产业加大投资，它们积极调整组织结构，正摩拳擦掌地展开一场人工智能争夺战。

1. 争夺 AI 高科技人才

紧跟人工智能的步伐才能变被动为主动，在此过程中，人才显得至关重要。科技公司对人工智能研究领域人才的需求剧增，谷歌花费了 5 亿美元才得到了初创公司的一群深度学习研究人员，于是有了阿尔法狗的诞生。这大大激励了其他科技巨头，使他们清醒地认识到，必须在人才争夺上打好一场攻坚战。

在科技企业中，人工智能的优势主要表现在企业对用户需求的精准预测上，而这正是人工智能领域机器学习和深度学习所擅长的，如 Netflix 四分之三的观看人数都受到自动推荐和建议功能的影响，我们每天所观看的短视频，也是因自己的喜好而不断更新。如果没有机器学习，这些视频软件很难达到当前的观看规模。

2. 将人工智能应用于现有业务

人工智能技术其实已经深入各行各业，只是我们还未发现。它的到来并不会发生翻天覆地的变化，因为它会率先应用于现有的业务之中，如物流行业，机器学习提高了物流行业的操作效率，亚马逊的配送中心就拥有大约 8 万台机器人负责装拣、配送工作。就连我们取快递的菜鸟驿站，也已经在入库、出库环节使用了智能识别装置，排队取快递的时

代一去不复返，如图 8-1 所示。

图 8-1　菜鸟驿站智能出库扫描

3. 开拓新的人工智能业务

科技巨头引入人工智能的最终目的，是要开拓新的盈利点，在新的领域抢占先机。例如，谷歌和苹果都已经率先推出了增强现实软件开发包，而其他公司还在研究开发增强现实软件的路上。只有跻身人工智能行列，才能在新兴领域遥遥领先。

二、战略布局人工智能产业

人工智能产业发展是大势所趋，有先见之明的企业已经早早部署了人工智能产业的长期发展战略。例如，百度早在 2013 年就成立了深度学习研究院，很快又在硅谷成立了人工智能实验室，并斥巨资引入顶尖 AI 人才。万事俱备，百度立刻对组织架构做出调整，推出“All In AI”战略。2018 年，百度深度学习研究院又新增了智能实验室、机器人与自动驾驶实验室，同时引进 3 位 AI 科学家，这彰显百度十分看好未来人工智能在商业上的发展。

以往的每一次产业革命，都是技术与产业的深度融合，而这会引发巨大的经济和社会变革。人工智能势必要深入各行各业，去解决生活、生产和社会环境中的种种问题，从而引领产业革命走向巅峰。以电商起家的阿里巴巴，也全面布局了生态产业链，除本来的电商、物流等行业外，阿里巴巴还在金融、零售等多个领域推出“产业 + 人工智能”方案。从整体来看，科技巨头都已经将人工智能产业的发展提升到了战略高度，这意味着未来的中国，人工智能产业将以令人难以想象的速度崛起，如图 8–2 所示。

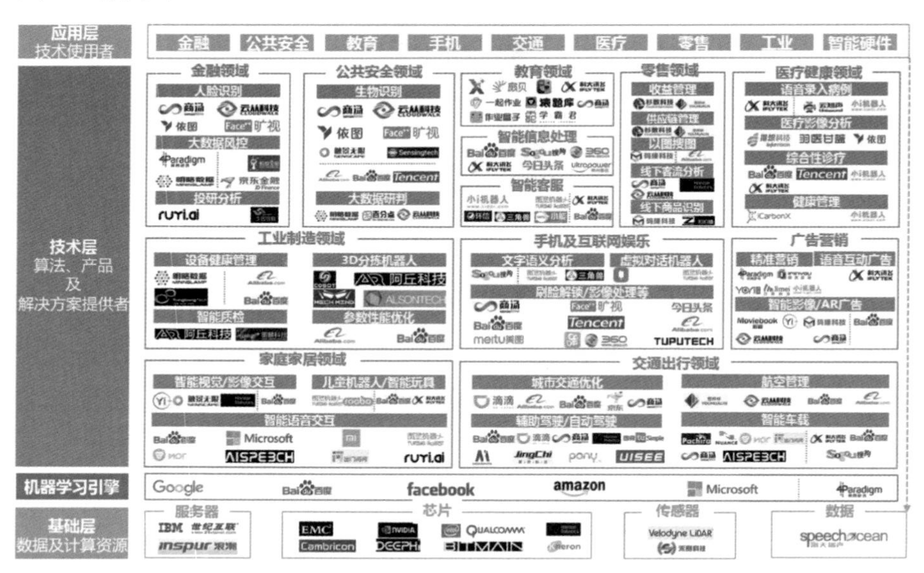

图 8–2　人工智能行业图谱

三、以人工智能创新行业发展

未来十年内，人类生活将会被人工智能彻底改造。其蕴含的极大潜力将是难以想象的，因此以人工智能为依托，必然会出现各种各样的行业创新，这要求未来企业人必须把握好人工智能的发展趋势。

在过去几年中，智能网联汽车、智能服务机器人、智能医疗中的影像辅助诊断系统、视频图像身份识别系统、智能翻译系统、智能家居产品等新兴智能化产品都得到了发展，并逐步应用在社会经济生活中。在未来，人们将享受到更多的人工智能服务，而随着人工智能服务系统的完善，更多的智能化产品将成为大众必需品。

在人工智能推动新兴行业发展的背景下，传统行业必然面临转型升级，拥有雄厚资金却缺乏新兴技术的老牌企业可能会通过并购的方式快速升级为智能化公司，如图 8-3 所示。人工智能公司出现大并购、大投资案例的概率将大大提升，而这些成功的案例将会给创业者带来前所未有的动力。

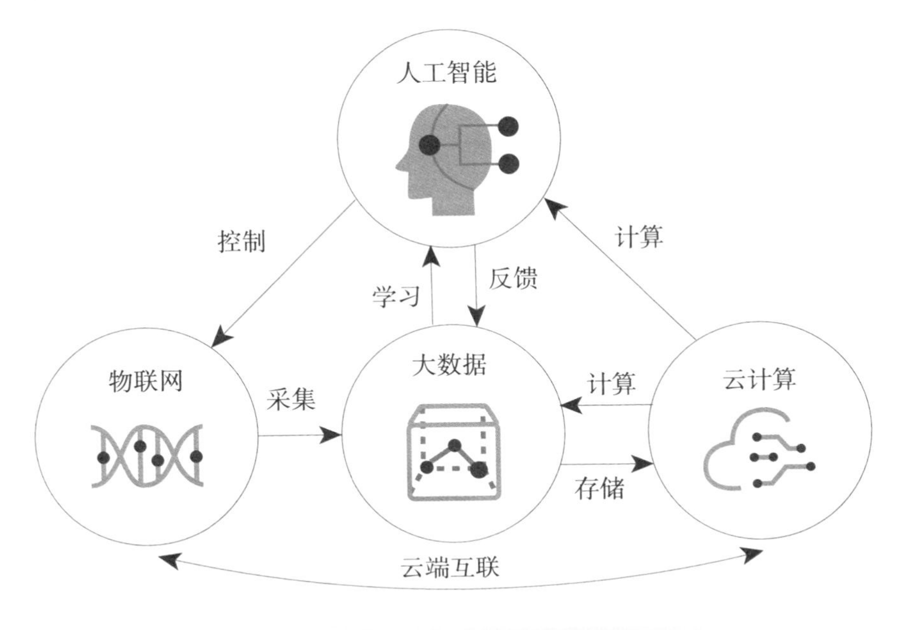

图 8-3 人工智能未来发展模式

当然，在风口浪尖下，一些人工智能创业公司也会因为技术不成熟、不够安全、道德谴责等种种问题而被无情淘汰，人工智能行业出现大洗牌，优秀的人才、资本则会涌向更具竞争力的企业中去。

第二节　人工智能终将取代人类吗

在人工智能发展的背景下，想象一下我们十年后生活的模样……

清晨，一束灯光渐亮，随着光线的增强，你被温柔地唤醒。智能厨房已为你准备好早餐，吃完早餐，你只需把餐具放到指定的位置，它们就会被自动清洗。你出门时，公文包会提醒你遗落在书桌上的文件，你关上门后，电梯已经到你所在的楼层等你。出电梯后，门口的无人驾驶汽车已为你备好，上车后你继续小憩一下，等到了目的地，汽车会将你唤醒，如图 8-4 所示。

图 8-4　理想的智能生活模式

这本是我们最理想的智能生活的模样，然而事实上，并不是所有人都能过上这样的日子。19世纪，蒸汽时代来临时，几乎所有的纺织业工人流落街头，任你技术再高超也难逃失业的命运；20世纪，拖拉机、联合收割机普及，解放劳动力的同时，也使得田间的劳动人民失了业；1945年，自动化技术的进步使一座城市内1.5万名电梯操作工成为无业游民……

如果说以人工智能为代表的新时代即将来临，那么摆在大多数人眼前的除了机遇，还有挑战。新时代的每个人，有可能被机器人服务，也有可能被机器人取代。

一、当AI“侵占”你的岗位时

有一天，你躺在医院的病床上等待手术，你可能很难想象，为你执刀的专家竟是一个机器人。机器人为病人执刀做手术早已不是什么新鲜事。在一些耗时耗力，以24小时为单位的大手术中，机器人比医生有更强的耐力；机器人还拥有更加冷静的情绪、更稳健的手法，它们不会生病、不知劳累，具有强悍的学习能力，这样的专家不比人类专家更受欢迎？

你还以为自己每天浏览网页看到的文章是人写的吗？你还以为自己每天刷到的短视频是人在背后解说吗？其实这些工作已经有相当一部分是由人工智能完成的。只要将大数据与人工智能相结合，再套用软件模板和框架，运用人工智能算法，很快就能写出上百万篇报道来。

你现在出门还带钱包吗？不知道从什么时候起，我们已经很少见到现金了，移动支付取代了市面上80%的流动现金。这意味着在未来十年或二十年，绝大多数银行为了自身生存，可能会取消银行柜员这一职业，取而代之的则是更加智能的自助柜台机，如图8-5所示。

图 8-5　银行自助柜台

我们身边已经出现越来越多的具有自动驾驶功能的汽车，一旦这项技术更加成熟，司机这一职业也将消失。与此同时，驾校老师等相关职业也将随之消失。

你以为人工智能所取代的只是劳动力吗？ 3D 打印将彻底颠覆制造业。在将来，你甚至只需要购买一张设计图纸，有了图纸，你可以靠 3D 打印机打印出自己所需要的任何产品，如图 8-6 所示。这样一来，不但工人会被取代，就连制造商也将消失。

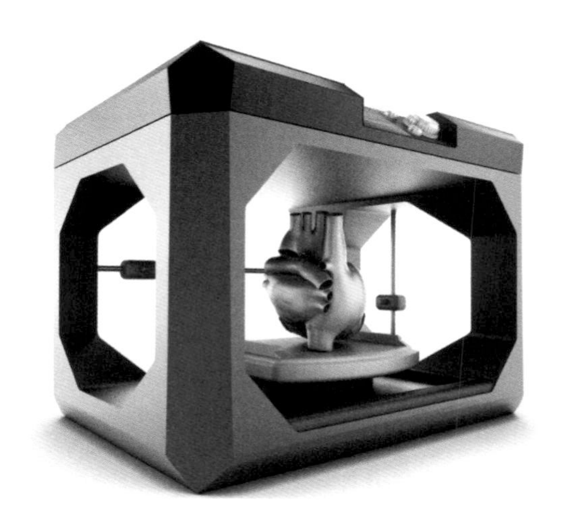

图 8-6　3D 打印机

现在，各个通信服务商已经开始使用智能客服系统了。它们不但能解决客户提出的各种问题，还能将产品的所有信息铭记于心，做到随问随答。随着智能客服系统在情感识别上的进步，将有可能完全取代人工客服，如图 8-7 所示。

图 8-7　人工智能客服

我们大多数人都体验过大型超市的自主收银系统。消费者只需要将购买的商品在自助收银台上进行扫描，就可以将商品结算，再利用手机完成在线支付即可。这就大大降低了人工成本，也不用再排长队等待结算。在未来，超市有可能不再设人工收银台，收银员的工作将完全由人工智能完成，如图 8-8 所示。

图 8-8　超市自助收银机

人工智能技术在不断进步，它持续改变着商业结构，吞噬着各行各业的岗位。有人曾预测，在未来十年，50% 以上的工作岗位将完全消失，各行各业的岗位都将发生革命性改变。AI 或许真的在侵吞你的岗位。

二、怎样才不会被 AI 淘汰

目前，人类所有的职业可以按照功能划分为四大类别：第一类是工人、农民等操作类职业；第二类是教师、医生、律师、动画师等索引和操作类相结合的职业；第三类是作家、发明家、产品开发师等创造类职业；第四类是企业管理者、立法者等管理流通类职业。在以上四类职业中，智能机器最先取代的必然是成规模、容易复制且不太复杂的操作类职业，而那些创造类和管理类的职业会在相当长时间内难以被机器取代。在操作类职业中，那些具有标准化工作流程，很少涉及情感沟通和价值判断的职业非常容易被取代，相反则不易被取代，如教练、化妆师、考古工作者等。

当然，这里只能为大家提供一个可参考的方案，人工智能的发展速度是超乎想象的。对于这一点，人类已经在最近 20 年的变化中感受到了。归根结底，人类的文明都是学习来的，而人工智能恰恰可以将这种学习能力放大几万倍，如图 8-9 所示。已经有机器人具备了情感沟通的能力，它可以陪伴孩子、照顾老人；人工智能在情感识别上的进步也是超乎想象的，它可以同时为很多病患进行心理咨询；就连发明家、作家等创作者也并非无可替代。

图 8-9　你被人工智能取代了吗

不过，令人欣喜的是，当人类在人工智能的冲击下大面积失业时，一些新兴的职业悄然诞生，这些职业必然是在人工智能的最新科技下孕育的，如人工智能的研发工作、人体工程的研究、宇宙太空行业的拓展等。此外，人工智能取代人类传统岗位后，必然会牵扯出一些新兴的管理、协调工作，以及制定新的道德规范的工作者等。

当大批的人被人工智能取代后，人类拥有了更多的闲暇时间，届时娱乐产业、旅游业、体育竞技业、互联网游戏业等会出现空前的繁荣，这些也会带来新的就业岗位。

就像过去每一次技术变革所带来的失业困境一样，人工智能时代所造成的失业潮必然是暂时的。随着产业结构的调整，人类在感受到人工智能所带来的便捷的同时，也一定能顺应时代的发展，开拓出新的出路。

第三节　中国的 AI 时代，我们该如何自处

当微软“小冰”开始出诗集，当机械臂成为主刀医师，当阿尔法狗成为新一代棋王，当机器做出了所有的音乐与诗歌，我们的路也终将走完了吗？当然不会。人类最大的恐惧是对未知的恐惧，然而那个未知终有一天会成为已知。到时，我们会发现，未来并没有想象中那么可怕。就像火车替代了马车，蒸汽机替代了双手，人们从没有感到恐慌。时代的脚步无人能阻止，人类进步的步伐也不会停下。

我们所需要做的是热情地拥抱未来，积极的心态会成为我们前进的动力。人工智能势必会覆盖各行各业，不管身处哪个领域，我们首先要学会使用或驾驭人工智能工具，让它为自己所用。例如，软件工程师可以用人工智能完善代码，甚至用人工智能来重写代码；创业者可以利用人工智能来筛选和招聘人才，可以用人工智能管理优化订单，可以用人工智能替代客服人员。

我们还可以选择与人工智能协同合作，这可能生成 1+1>2 的结果。例如，医生通过自己的诊断和治疗能救治 60% 的生命，人工智能用专家系统和深度学习能救治 70% 的生命，如果将两者相结合，协同合作，可能就会救治 80% 以上的生命。

纵观任何一次技术革命，最初的受益者并非惧怕它的人，而是发展它和利用它的人。因此，调整心态，提升自身竞争力，以积极的态度去迎接人工智能时代的来临才是最明智的选择。

在过去的四次工业革命中，我们总结出来一个规律：任何技术变革，相关行业内都将有 98% 的人被淘汰，而剩下 2% 没有被淘汰的都是爱学习的，他们将跟随这个时代前行，看到未来最美的风景。